绿色建材的应用研究

吴 辽◎著

中国纺织出版社有限公司

内 容 提 要

本书立足于绿色建材的应用研究，前两章主要阐述绿色建材的基本知识，包括其定义、特点、推广等内容；第三、四章主要阐述固体废弃物在绿色建材中的应用；第五至八章主要阐述绿色建材在室内装修、路面、节能建筑和建筑施工四方面的应用。全书主要对绿色建材的应用进行详细论述，注重理论与实践的结合，旨在推进我国绿色建材的应用与发展，进而促进我国可持续发展目标的实现。

本书结构清晰、内容完整，适合绿色建材研发者、使用者和相关专业学者学习或参考。

图书在版编目（CIP）数据

绿色建材的应用研究 / 吴辽著. -- 北京 : 中国纺织出版社有限公司，2024.8. -- ISBN 978-7-5229-1925-6

Ⅰ . TU5

中国国家版本馆CIP数据核字第2024LY3518号

责任编辑：李立静　　责任校对：高 涵　　责任印制：储志伟

中国纺织出版社有限公司出版发行

地址：北京市朝阳区百子湾东里A407号楼　邮政编码：100124

销售电话：010—67004422　传真：010—87155801

http://www.c-textilep.com

中国纺织出版社天猫旗舰店

官方微博 http://weibo.com/2119887771

天津千鹤文化传播有限公司印刷　各地新华书店经销

2024年8月第1版第1次印刷

开本：710×1000　1/16　印张：10.5

字数：200千字　定价：99.90元

前　言

　　随着人们对居住环境质量和绿色发展关注度的提高，推动绿色建筑的发展成为建筑业实现节能减排和持续发展的关键策略。尽管建筑业有效推动了经济与社会的进步，但其也引发了能源消耗和环境污染问题。作为国民经济的支柱产业，建筑业不仅要促进经济的健康、快速发展，还要强化资源、能源的节约和生态环境的保护意识，以提高经济的可持续发展能力。建筑业的持续发展既要满足国家经济的发展需求，又要遵循节约资源、保护生态环境的国家政策。

　　本书是关于绿色建材的应用研究的著作。全书共分八章，首先阐述绿色建材的基本知识，让读者对绿色建材有一个基本了解，其次介绍固体废弃物在绿色建材中的应用，最后介绍绿色建材在室内装修、路面、节能建筑和建筑施工中的应用。全书在内容布局、逻辑结构、理论创新方面均有独到之处，同时注重理论与实践的结合，使读者能够获得理论和实操层面的指导。

　　为了保证内容的丰富性与研究的多样性，本书在编写过程中参阅了大量相关著作，在此对这些著作的作者表示衷心的感谢。由于水平有限，加之时间仓促，书中难免有疏漏和不妥之处，恳请广大读者批评指正。

吴　辽

2024 年 4 月

目 录

第一章　绿色建材概述

第一节　绿色建材的定义、特点及评价

一、绿色建材的定义和特点

（一）绿色建材的定义

绿色建材，亦称作生态建材、环保建材或健康建材，其定义为在生产环节采纳清洁技术、减少对自然资源和能源的需求，并大量回收利用工业废料或城市固体废弃物来制备的建筑材料。这些材料对环境友好，对人体无害，不含有毒成分、污染物或放射性物质，从而促进环境保护和人体健康。作为绿色材料的关键部分，绿色建材的研究与开发注重四个关键方面：对地球臭氧层的负面影响最小化，确保加入的废料不会对环境造成负面影响，有助于森林保护和生态环境的改善，以及降低放射性物质、有害化学物和电磁污染的释放。绿色建材的理念涵盖了从原材料选择、生产流程、产品使用，直至回收再利用的全过程。

（二）绿色建材的特点

与传统建材相比，绿色建材具有如下五个特点。

1. 环境友好

绿色建材的生产和使用过程对环境的影响最小，能尽量减少对自然资源的消耗和废物的产生。它们在生产过程中使用清洁、低碳的技术，优先使用可再生资源和回收材料，减少了对环境的污染和对生态系统的破坏。

2. 健康

绿色建材减少了室内空气污染和对居住者健康的潜在威胁，有助于创造更安全、更健康的居住和工作环境。

3. 节能高效

绿色建材具有优良的节能性能，如良好的保温隔热性能，可以显著降低建筑的能源消耗。使用这些材料建造的建筑在供暖、冷却和照明等方面的能源需

求更低，有助于减少整体的碳排放。

4. 持久耐用

绿色建材通常具有更高的耐用性和更长的使用寿命，这不仅减少了维修和更换的需要，也意味着在整个使用周期内资源的利用更为高效和可持续。

5. 可回收再利用

绿色建材在设计时就考虑到了其生命周期末端，易于回收和再利用。这种循环利用减少了垃圾填埋的需求，促进了资源的循环使用，有助于构建循环经济。

二、绿色建材的评价

（一）绿色建材的评价指标体系

1. 单因子评价体系

单因子评价体系是一种简单且直观的评价方法，主要用于评估和比较具有单一影响因素的对象或活动的效果。这种方法在多个领域中都有广泛的应用。单因子评价体系之所以被广泛使用，主要是因为其操作简单、易于理解和实施，尤其适用于那些优先级明确、目标单一的评价场景。

单因子评价体系的核心思想是将评价对象的性能或价值归结为一个单独的关键因素，通过这一因素的表现来对整个对象或活动进行评价。这种评价方法忽略了其他可能存在的影响因素，专注于最关键的那一点。例如，在评价某个工业产品的生产效率时可能仅仅考虑产量这一单因子，而不考虑生产过程中的能耗、材料利用率或环境影响等其他因素。

2. 复合类评价指标

这类指标包括挥发物总含量、人类感觉试验、耐燃等级和综合利用等指标。在这类指标中，如果有一项指标不好，并不一定会判定其不是绿色建材。

众多研究揭示了室内空气污染与人体健康之间的直接联系，尤其是室内墙面、地面装饰材料、门窗及家具等制作材料对室内空气质量的影响。这些建筑和装饰材料中的挥发性有机化合物、苯、甲醛、重金属等有害物质的含量及其放射性能对人体健康构成威胁。这种影响不仅与有害物质的含量有关，还与它们的释放特性和释放持续时间密切相关。

因此，在绿色建材的测试与评价中，应全面考虑建材中各种有害物质的含量及其释放特性。评价指标的制定需基于科学的测试方法，以确保这些指标既明确又可量化。这意味着评价体系需要能够准确反映材料中有害成分的种类、浓度及其随时间变化的释放情况，从而为选择更健康、更环保的建材提供可靠依据。这样的测试与评价能够有效指导建筑材料的生产、选择和使用，从而减少室内空气污染，保护人体健康。

（二）建筑材料的生态标签和全生命周期评估

在欧盟等地区，生态标签被广泛用于各种工业和加工产品，包括建筑材料，以向消费者清晰展示这些产品对环境的潜在影响。这些标签覆盖了产品的整个生命周期，从原材料的获取、生产过程、使用阶段到最终的处置环节，旨在系统地提供环境影响信息，帮助消费者在面对众多产品时做出更环保的选择。

为了准确评估建筑材料和产品的生态影响，需要进行生命周期分析、影响评估、能耗模型及环境审计等多方面研究。生命周期评估作为一种衡量建筑材料"从摇篮到坟墓"全阶段影响的方法，其优势在于提供了全面的视角，以平衡和总结的方式展示各种影响因素。

第二节　绿色建材的使用、推广及发展

一、绿色建材的使用

（一）传统建筑材料资源的再利用与再循环

1. 木质建材

木材作为一种建筑材料，相比于其他基于森林资源的产品如纸张，拥有更长的使用寿命，能够实现长期的碳存储。木材的这一特性使从老建筑中拆解出来的木料经过简单的物理处理，例如拔出钉子、修剪腐败部分或进行重塑，就能重新使用，而这些回收的木材在原本使用环境下的性能往往优于新木材。重复利用拆解木材的一个重要理由是保留木材长期去水分过程中形成的干燥状态，并防止树木储存的碳元素过早地释放回大气中，从而维持自然资源的稳定。

通过再循环处理，废旧木材可以转化为纤维板或纸张，这一过程中碳存储的量依旧显著，超过了生产过程中的碳排放。若木材的属性不再适合回归材料循环，如无毒害处理的木屑或碎片，可将其用作燃料或堆肥，让碳元素通过这种方式返回大气中，参与自然的碳循环过程。

废弃木材还可以与黏土或水泥结合，制成新型混凝土。这种混凝土比传统混凝土更轻、导热系数更低，是一种出色的隔热材料。加入木材制成的复合材料，由于减少了毛细现象，其耐用性得到提升，提高了材料的使用效率和对环境的适应能力。

2. 混凝土材料

废旧混凝土通过拆解并经过破碎、清洗和分类等再生技术处理后可转化为再生骨料。这些再生骨料能够部分或完全替代自然骨料，用在新混凝土的制备过程中，并广泛应用于道路、桥梁和其他土木工程项目。再生骨料因表面的粗糙度、棱角以及表面残余的水泥砂浆，加上在拆解和破碎过程中产生的微小裂纹，吸水率和吸水速度相比自然骨料有所提高，这可能会为制备再生混凝土带来挑战。不过，再生骨料混凝土的密度较低，有利于增强其保水性和黏结性，有助于减少建筑物的重量和增加结构的跨度。

在喷射混凝土应用中，使用再生粗骨料表现出更低的回弹率以及更优的变形能力和延性，显示了其在此领域的潜在应用价值。此外，一定量的废旧混凝土被破碎并填充入钢丝笼内，作为传统石材的替代品，在土木和景观工程项目中也表现出了良好的应用效果。

3. 钢铁材料

钢铁材料的回收与再利用体系已经相对成熟，形成了较完整的产业链条。在我国，废钢铁每年的产量占到了再生资源总量的 60%。

废旧钢铁产品作为有价值的回收资源被收集起来，随后通过废料处理行业的熔炼过程转化为新的钢铁商品。在建筑拆除过程中回收的型钢和钢筋通常会被切割成合适的尺寸，并通过磁力分选成为主要的废料来源。在这个过程中，含有较少杂质的大型钢材废料较易处理，而表面有混凝土残留的钢筋在电弧炉中的处理则相对复杂。

在回收的钢铁材料中，杂质的混入可能会对其品质稳定性产生不利影响。特别是在钢铁中混入了如铜、锡、钼、镍等元素，这些元素很难被清除。因此，在废金属的回收和再利用过程中需要利用专用设备来精确地分析其成分，确保可以对不同的合金类型和材质品质进行迅速而精确的现场分析。这一步骤为原材料买卖双方提供了迅速且可靠的评估依据，可以支持他们做出准确的交易决策。

4. 废旧砖瓦

废旧砖瓦在长时间使用后，矿物组成和结构形态相对稳定，这为它们的再利用提供了可能性和价值。用机械方式拆除砖瓦结构后，通过手工筛选去除砂浆残留物，这些砖瓦便可以重新用在一些对材料质量要求相对较低的墙体建设工程中，是一种有效的资源再利用方法。

当废砖用于替代混凝土或混凝土砌块中的部分骨料时，虽然其对混凝土的工作性能有较大影响且降低其强度，限制了其应用范围；但作为耐热混凝土的粗骨料，其在高温下不易产生裂纹，表现出较好的性能。

此外，将废砖瓦粉碎成细粉后，还可以将其作为无须浇筑的水泥原料或是制造再生砖瓦的基材，拓展了废旧砖瓦的再利用途径。

（二）新型建筑材料的利用

中国的建筑节能设计领域特别重视应用和开发新型建筑材料，尤其是高效地将太阳能技术与建筑设计相结合的实践，即通过将太阳能装置整合进建筑的供暖和发电系统达到对新能源的高效利用。由于太阳能设备种类繁多，每种设备的结构和功能都有所不同，节能建筑设计时必须针对具体的太阳能装置选择合适的建筑策略。太阳能的主要应用形式包括太阳能热水系统、光伏发电系统等。

太阳能热水系统通过使用特定材料吸收太阳光，并利用热交换器将太阳能转换成热能以供水加热。由于太阳能热水器无须额外运行成本，因此在学校、医院和政府等建筑中被广泛采用。太阳能热水系统的整合方式主要分为两种：一种是直接将太阳能热水器固定在建筑的屋顶上，使其成为建筑的一部分，这样便于新住宅立即使用；另一种是采用可移动的管道系统，使太阳能热水器可以随着用户搬家而转移。不过，后者可能需要对建筑进行一定的改动以重新安装热水器，这可能在一定程度上影响建筑的稳定性，因此第一种安装方式更为常见。

太阳能光伏发电的发展促进了建筑中新能源技术的应用。这一技术通过太阳能电池板将太阳辐射直接转化为电能。随着太阳能电池技术的进步，光伏发电在建筑中的应用越来越普遍。安装太阳能发电系统通常包括在屋顶铺设光伏板并将其连接至控制装置，以有效管理电力的生成。随着建筑中新能源利用效率的提升，光伏组件的设计越来越重视与建筑结构的融合，例如添加光伏涂层，既增强了其美观性，又确保了新能源利用的高效性。

二、绿色建材的推广

（一）加强绿色建材理念宣传

绿色建材作为绿色建筑的重要组成部分，应加强其理念和应用宣传。

1. 官方文件和政策宣传

政府通过发布相关政策文件和举办宣传活动，能够有效提升公众对绿色建材重要性的认识，从而激励社会各界积极参与绿色建材的推广和应用，共同营造支持环保的社会氛围。此外，政府可以实施有针对性的激励措施，比如提供财政补贴、税收减免、贷款支持等，以奖励那些致力于生产和销售绿色、节能、环保类建材的企业。这些政策不仅能够促进绿色建材产业的发展，还有助于加速建筑行业的绿色转型，推动经济社会的可持续发展。通过这样的措施，政府可以在推动产业升级和环境保护方面发挥关键作用，同时鼓励私营部门不断创新和投资，为实现绿色低碳发展目标作出贡献。

2. 加强公众教育

加强公众教育可以有效提升大众对绿色建材的理解和认识。公众教育内容包括对绿色建材背后的环保理念、节能原则以及相关技术的介绍。通过举办研讨会、在线课程和社交媒体宣传等方式，可以有效宣传绿色建材的多重优势和发展前景，从而增强公众采用绿色建材的积极态度。这样的教育和普及工作不仅有助于公众建立对绿色建材的正确认知，还能激发社会各界对绿色建造理念的支持，进一步推动绿色建材的广泛应用和发展。大众也可以在日常生活和工作中做出更环保的选择，为推广绿色建材和实现可持续发展目标贡献自己的力量。

3. 绿色建材专题活动和展览

通过举办绿色建材的专题展览和宣传活动，全面展示绿色建材的卓越性能和实际应用成效，向公众传播更多的科技创新实例及成功案例，有效提升大众对绿色建材的信任，增加绿色建材的知名度和应用普及率。

4. 设立专门的绿色建材工作委员会

建筑行业的工会和相关组织应当设立专门的绿色建材工作委员会，定期举办绿色建材的交流与技术培训会议，向建筑领域的工作人员提供关于绿色建材应用的技术指导和推广策略，以促进其在建筑行业内的广泛使用。

5. 利用网络媒体和社交平台

网络媒体和社交平台在传播绿色建材理念中扮演了关键角色。通过各大网站和社交网络及时发布与绿色建材相关的新闻、成功案例和经验分享，并鼓励网友关注及推广绿色建材的使用，加速绿色建筑的普及和推广。

（二）加强 BIM 技术的应用

1. 统一标准建模

将 BIM（建筑信息模型）技术应用在绿色建材中，能够实现绿色建材发展与应用的高度整合，以及建筑物性能的最优化展现。利用 BIM 的高级建模和仿真功能可以在设计阶段精确评估绿色建材的环境影响、能效表现和成本效益，确保绿色建材的最佳应用和资源的有效利用。此外，BIM 技术在绿色建材的生产和施工过程中提供了强大的技术支持，包括精确的材料需求预测、施工过程的模拟以及项目管理的优化，使绿色建材的使用更加高效和安全。

通过 BIM 技术，绿色建材的选择、配置和施工可以更加科学和系统化，大大降低误差和浪费，同时提高建筑项目的整体可持续表现。BIM 的应用还促进了跨专业团队之间的协作，使各方能够更好地理解和实施绿色建筑策略。因此，BIM 技术不仅为绿色建材的广泛应用提供了便利条件，还为推动绿色建筑行业的发展开辟了新途径，是实现绿色建材推广和应用的重要工具。

2. 整合绿色建材信息

利用 BIM 技术可以集成绿色建材的详细信息，包括其规格、组成材质、性能特点等，并将这些信息融入 BIM 软件的绿色建材数据库，为建筑师提供即时的信息支持，使他们能够在设计阶段更加便捷地选择和应用绿色建材。

3. 模拟分析

BIM 技术能够将设计师的构想通过三维模型具体展现出来，并对绿色建材的性能进行深入分析和比较。这种方法能够量化并直观展示在采用不同绿色建材方案时建筑物性能的具体变化。通过对 BIM 模型的动态分析可以更精确地评价绿色建材的效果及其应用范围。

4. 能耗模拟

在 BIM 技术框架下，利用能耗模拟工具能对建筑物采用绿色建材后的运营效能进行预测和评估，精确量化使用绿色建材带来的节能效果。这种方法不仅能够反映建筑物在实际运行中的能耗情况，还能确切展现出采用绿色建材能够实现的能源节约潜力。对模拟结果的分析和反馈可以进一步对建筑设计和材料选择进行优化和调整，以提升建筑物的能效表现和环境友好性。

因此，将 BIM 技术与绿色建材结合使用，不仅能够提升绿色建材发展的技术水平和实际应用效果，还能增强建筑项目的可持续发展能力。这种方法为绿色建材的有效应用和推广提供了强有力的支撑，同时为整个建筑行业的绿色转型和可持续发展做出了积极贡献。

（三）建材智能化升级

结合多元迭代与绿色建材的智能化升级，可以通过持续的技术革新和优化进一步推动绿色建材的质量与应用。具体实施策略主要包括以下三个方面。

1. 数据收集和分析

全面分析绿色建材的性能，包括物理性能、化学性能和使用性能，是新型绿色建材技术研究的基础。利用数据分析、智能化建造技术和施工模拟等先进方法，不仅可以为绿色建材的进一步优化提供科学的数据支持，还可以识别和解决绿色建材在实际应用中可能遇到的问题。这样的技术研究和数据分析可以有效提升绿色建材的性能和可靠性，同时为绿色建材的持续改进和技术升级奠定坚实的基础。这种方法不仅有助于推动绿色建材技术的发展，也能为实现建筑行业的绿色转型和可持续发展目标提供重要支持。

2. 智能化设计和生产

采用数字化技术将绿色建材的设计、生产工艺和参数进行数字化管理，可以迅速评估绿色建材的性能和应用效果。利用智能化生产和施工设备，可以确保绿色建材质量与规格的统一，使整个产业链标准化，从而缩短生产时间，推动绿色建材向智能化升级。

3. 模拟仿真和预测评估

运用数字仿真和模拟技术可以在多种环境条件下模拟绿色建材的应用情况，以及外界环境因素对其性能的影响。这种方法可以促进现有绿色建材性能的提升和新型材料的设计改进，促进绿色建材的持续更新和迭代。

（四）应用场景多元化

为满足各种应用场景下的具体需求和应对各种挑战，需要开发各种各样的绿色建材产品。深入探究不同使用环境的需求，能够使绿色建材的设计更有针对性，进而优化产品组合、提升材料性能以及材料使用的便利性，促进绿色建材行业的技术发展和市场扩张。利用数据分析、智能设计与生产、模拟仿真以及材料预测评估等技术，绿色建材能实现持续迭代更新，达到更高级别的智能化和性能优化。

将这些技术应用于绿色建材的开发和改进，不仅能够提高绿色建材的适用性和环境友好度，还能够促进产业结构的优化升级，满足市场对高效、环保材料的日益增长的需求。随着绿色建材技术的持续进步和应用领域的不断扩大，绿色建材产业将为推动绿色经济发展和实现可持续发展目标作出重要贡献。

三、绿色建材的发展

（一）发展绿色建材的原因

随着全球环保意识的提升和可持续发展战略的推进，绿色建材已成为建筑行业转型升级的重要方向。绿色建材的可持续发展不仅关乎环境保护，还涉及经济效益和社会责任的平衡，其核心在于实现材料的环境友好、资源节约和循环利用。

从环境保护的角度看，绿色建材的使用减少了对自然资源的依赖，降低了建筑施工和使用过程中的能源消耗及污染物排放。例如，使用再生材料生产的绿色建材可以直接利用工业废弃物或消费后废弃物，减少了对原生资源的开采，同时减轻了处理废弃物对环境的负面影响。此外，绿色建材往往具有良好的节能性能，如保温隔热材料能有效降低建筑能耗，减少温室气体排放，从而对抗气候变化。

从经济效益的角度看，虽然绿色建材的初期投入相对传统建材可能更高，但长期来看，它们能够为建筑用户节省大量能源费用，提升建筑物的整体使用价值。随着绿色建筑标准的普及和消费者环保意识的提高，采用绿色建材的建筑项目更容易获得市场认可，能增强其市场竞争力和吸引力。

从社会责任的角度看，推动绿色建材的可持续发展符合全球可持续发展要求，有助于促进经济、社会和环境的和谐共生。它不仅能改善居住环境，提升居民生活质量，还能促进绿色就业，推动绿色技术和材料的创新发展。

要实现绿色建材的可持续发展，需要政府、企业和社会各界共同努力。政府应制定相关政策和标准，引导和鼓励绿色建材的研发、生产和应用；企业则需加强技术创新，提高绿色建材的性能和成本效益，同时加强市场推广力度；社会各界则应提高对绿色建材重要性的认识，推动绿色消费行为。通过这些综合措施，绿色建材的可持续发展将在推进环境保护、促进经济发展和提高社会福祉方面发挥关键作用。

（二）发展绿色建筑的意义

发展绿色建筑意义重大，主要有以下几个方面。

1. 保护生态环境

绿色建筑通过选用环境友好且节能的材料以及实施高效的设计方案，有效降低了建筑的整体能耗，并减少了建筑活动对环境的不良影响，同时减少了对自然资源的依赖。这类建筑在施工和使用阶段对环境造成的损害更小，能有效减轻环境污染，成为应对全球气候变化挑战的重要策略之一。绿色建筑的广泛推行和应用推动了建筑行业向可持续发展转型，对于环境保护以及经济和社会的协调进步具有关键作用。

2. 促进可持续发展

绿色建筑着眼于环境保护、能源节约和可持续发展，其发展方向明确且日趋成熟，是推动建筑行业持续进步的关键。这不仅是建筑业面对全球气候变化挑战的实际行动，还可以促进经济模式转变。当前建筑行业的发展趋势更加强调美化环境和实现人与自然的和谐共生，这一理念与生态文明建设的核心目标完全吻合，展现了建筑业在全球生态保护和可持续发展中的重要作用和责任。

3. 提高生产力

贯彻绿色建筑的理念可以显著缩短建筑的生产和建造周期，提高资源使用效率，并降低整体成本，有效提高建筑行业的生产效率。利用最新科技成果，绿色建筑实现了建筑设计和施工的工业化，不仅缩短了施工周期，提高了建筑的整体质量，还大幅降低了劳动力和能源消耗。这种做法不仅提升了建筑行业的效率和竞争力，还为行业的长期可持续发展奠定了坚实的基础。

4. 提升居住舒适度

绿色建筑着重于提供舒适的居住和工作环境，强调改善室内空气质量、自然采光和温度控制。通过精心设计建筑系统和精选环保材料为居民创造更加舒适、健康的室内环境，从而提高生活品质和工作效率。

5. 建立社会信赖

绿色建筑作为一个新的概念，其普及和推广至关重要，能够增强社会对新兴行业和产品的信任。通过采纳多样的节能环保设计、施工技术和管理策略，绿色建筑已经赢得了广泛的社会认可和好评，从而提升了公众对建筑行业的认同和信赖。这种增强的信任感不仅促进了绿色建筑理念的接受度，还有助于推动环保意识的广泛传播和环保行动，为建筑业的可持续发展奠定了坚实的社会基础。

（三）绿色建材的未来发展

1. 研究开发节能建材和太阳能建材

我国的采暖能耗相较于许多发达国家确实较高，这在很大程度上归因于建筑结构中外墙的传热系数过高，导致热量损失严重。在这样的背景下，发展具有低传热系数的墙体材料成为提高建筑节能效率的关键举措。

采用空心砖、保温复合板、植物纤维复合板和多孔板等材料可以显著降低外墙的传热系数，从而减少热能的流失，实现建筑节能 50% 以上的目标。这些材料的应用不仅可以提升建筑的保温隔热性能，还能有效减少对传统能源的依赖，从而在经济和环境双重效益上实现优化。

同时，开发和利用光电化学电池窗户、太阳能热储墙体和屋面技术，以及光热发电和制冷的墙体和屋面技术，能够进一步提升建筑能源的自给自足能力。这些技术通过转换和利用太阳能，不仅可以降低建筑的能耗成本，还能提高能源的使用效率，促进建筑能源的绿色转型。例如，光电化学电池窗户不仅能对自然光进行调节，还能将太阳能转换为电能，实现能源的双重利用；而太阳能热储墙体和屋面能够吸收和存储太阳热能，并将其用于建筑采暖或供水加热，减少了对传统能源的需求。

优化墙体材料和开发新型能源技术不仅能显著提升建筑的节能效率，还能推动能源结构的优化和能源消费方式的转变。这不仅是实现建筑节能和环境保护的有效途径，也是促进可持续发展战略实施的重要组成部分。为此，其需要政府、产业界和科研机构等多方面共同努力，通过政策支持、技术创新和市场引导加快绿色建筑材料和能源技术的应用推广，共同推进我国建筑节能减排和绿色发展的步伐。

此外，开发具备大气净化功能的建筑材料也成为研究的重点，这类材料能够分解或吸收空气中的有害气体，如二氧化碳等，是 21 世纪绿色建材发展的主要方向。

2. 研究开发抗菌、吸臭等健康型建材

人们大部分时间在室内生活，尤其是在居住密集的环境中，维护和改善室

内小环境对健康和长寿至关重要。为了营造有益于人类健康的生活环境，开发具有抗菌、吸臭功能以及其他对健康有益的材料显得尤为必要。这些材料对改善环境质量具有直接的影响。

推荐的研发方向包括光催化抗菌材料和远红外健康功能材料等。光催化抗菌材料能在光照条件下有效分解细菌和病毒，对提高室内空气质量有显著作用。远红外健康功能材料则因具有促进血液循环和增强新陈代谢的功能，对人体健康有正面影响。

国际上已成功开发出抗菌乳胶漆和涂料、抗菌面砖和卫生陶瓷等产品，这些产品具备抗菌性能且无毒，为室内环境的健康提供了有力保障。这些创新材料的开发和应用不仅能够改善人们的居住环境，还能提升整个社会的健康水平和生活质量。

第二章　常见绿色建材

第一节　绿色混凝土材料

一、绿色混凝土概述

（一）绿色混凝土的定义

绿色混凝土是指在生产、使用和废弃过程中对环境影响最小的混凝土。它不仅涵盖了使用环保、可再生材料制成的混凝土，还包括在生产过程中节能减排、在使用过程中提升能效以及最终可以回收利用的混凝土。绿色混凝土的开发和应用反映了建筑材料领域向可持续发展转型的努力，旨在减轻建筑行业对环境的影响，推动建筑业实现绿色、低碳发展。

绿色混凝土的研发和使用体现了对传统建筑材料的环境成本进行重新评估的趋势。将工业废弃物、建筑拆除废料或天然环保材料（如火山灰、稻壳灰等）用作原料，不仅可以减少天然资源的消耗，还可以通过回收利用减轻环境污染。此外，这些替代材料往往具有优异的物理和化学性能，能够提高混凝土的耐久性和使用寿命，减少维护和更换的频率，进而降低整个生命周期中的能源消耗和对环境的影响。

在生产过程中，绿色混凝土的生产采用更为环保的技术和工艺，比如使用能效更高的设备，减少生产过程中的能源消耗和温室气体排放。一些绿色混凝土还特别设计了低碳或无碳的生产过程，如采用光触媒技术实现自清洁功能，减少对城市空气的污染。

在使用阶段，绿色混凝土优异的性能和更好的保温隔热性能能够有效降低建筑物的能耗，以提供更加健康、舒适的居住和工作环境。此外，绿色混凝土还能够适应各种极端气候，提高建筑对自然灾害的抵抗力，减少灾害发生时的损失。

在混凝土的废弃阶段，绿色混凝土能够被有效回收利用，无论是作为新混凝土的骨料还是被用于其他用途，都大大减少了建筑废弃物对环境的影响。例如，废弃的绿色混凝土可以经过处理后用作路基材料、园林景观材料等，实现资源的循环利用。

绿色混凝土的定义和发展不仅仅关注其作为一种建筑材料的基本功能，更加重视其在整个生命周期中对环境的影响。通过采用可持续的原料、环保的生产过程、节能的使用性能以及可回收的废弃处理，绿色混凝土展现了现代建筑材料领域在环境保护和可持续发展方面的新方向，为实现绿色建筑和可持续建设目标提供了重要的材料基础。

（二）绿色混凝土的分类

1. 绿色高性能混凝土

绿色高性能混凝土（Green High-Performance Concrete，GHPC）是在绿色混凝土的基础上，应用先进技术和材料，并以提高混凝土的性能和环境友好性为目标的新型混凝土材料。GHPC 不仅注重环境保护和资源节约，还兼顾混凝土的多项高性能特征，如高强度、高耐久性、良好的工作性和适宜的凝固时间等，被广泛应用于桥梁、道路、高层建筑和海洋工程等领域。

GHPC 的发展着重于减轻建筑行业对环境的负面影响，同时不降低材料的性能。其生产过程采用低碳技术，优选环保材料，如工业副产品（飞灰、矿渣）、再生骨料和天然环保材料（如火山灰），以及使用高效能的外加剂（如减水剂、增强剂），来替代传统混凝土中的一部分水泥和骨料。这不仅减少了对原材料的需求，降低了二氧化碳排放，还提升了混凝土的性能。

从性能角度看，GHPC 具有以下显著特点：

（1）高强度和高耐久性。通过使用高性能外加剂和优化的混合设计，GHPC 可以达到比传统混凝土更高的抗压强度，同时具备更好的耐久性，能够抵抗硫酸盐侵蚀、冻融循环和碳化等常见的环境侵害。

（2）良好的工作性。GHPC 在拌和施工过程中具有良好的流动性和可泵送性，能够适应复杂的构件形状和施工要求，提高施工效率。

（3）环境友好。GHPC 在生产过程中大量使用可再生材料或废弃材料，有效减少了资源消耗和废物产生，其自身的高耐久性也意味着其具有更长的使用寿命和更少的维护或更换需求，从而进一步降低了对环境的影响。

（4）节能减排。由于 GHPC 优异性能，如保温性高和渗透性低，建筑物能够在使用过程中降低能耗，同时，使用低环境影响材料减少了生产过程中的能源消耗和温室气体排放。

推广 GHPC 的应用需要跨学科的研究合作，包括材料科学、化学、环境科学和土木工程等，以及相关政策的支持，如提供技术指导、财政补贴和市场推广等。此外，公众和行业对于绿色高性能建材的认知和接受度的提高也是推动 GHPC 应用的关键因素。

总之，GHPC 通过其环境友好和高性能的双重优势，为实现建筑行业的可持续发展提供了有力的支持，是未来建筑材料技术创新和环境保护努力的重要方向。

2. 再生骨料混凝土

再生骨料混凝土是以再生骨料为粗骨料或细骨料（有时两者皆用）的混凝土，其骨料来源主要是建筑废弃物、废旧砖瓦等。通过对这些废弃材料的加工处理，如破碎、筛选和清洗，制得符合工程应用要求的再生骨料，进而用于新混凝土的生产。再生骨料混凝土不仅体现了资源循环利用的理念，还有助于缓解自然骨料资源的过度开采问题，符合可持续发展的要求。

再生骨料混凝土的应用对于推动建筑行业的绿色转型具有重要意义。它减少了废弃物的填埋量，降低了环境污染和生态破坏。同时，再生骨料的使用也能减少对新鲜自然骨料的依赖，降低建筑成本和环境成本。虽然再生骨料的物理和化学性能可能与自然骨料存在差异，导致再生骨料混凝土在强度、耐久性等方面与传统混凝土相比有所不同，但通过科学的配比设计和适当的技术处理，这些问题可以得到有效解决。

近年来，随着技术的进步和环保意识的增强，再生骨料混凝土在多个国家和地区得到了广泛的研究和应用。工程实践表明，其适用范围从道路基础、人行道、非承重墙体到某些情况下的承重结构等。此外，政府和行业组织通过制定相应的标准和政策，也在积极推动再生骨料混凝土的应用。

总之，再生骨料混凝土作为一种具有环保和经济双重优势的材料，发展和应用前景广阔。随着技术的不断完善和市场的逐步认可，它将在建筑材料领域扮演越来越重要的角色，为建筑业的可持续发展作出贡献。

3. 环保型混凝土

环保型混凝土，也称为生态混凝土或绿色混凝土，是一种在生产、施工及使用过程中对环境影响最小的混凝土。其设计和生产旨在降低对自然资源的消耗，减少能源使用和碳排放，提高建筑物的环境友好性和保护用户健康。环保型混凝土以可再生材料、工业副产品（如飞灰、矿渣、废玻璃等）替代水泥和骨料的部分成分，实现了建筑材料的循环利用和资源的有效节约。

此外，环保型混凝土在生产过程中还采取各种措施来降低能耗和减少温室气体排放，如优化混凝土配比、使用高效能的生产设备和工艺，以及应用低温固化技术等。这些措施有助于实现混凝土产业的绿色转型和可持续发展。

在性能方面，环保型混凝土不仅保持了传统混凝土的基本性能，如强度和耐久性，还在某些情况下通过添加特定的环保材料或使用特殊的工艺技术赋予混凝土额外的功能，如自净化、空气净化、优异的隔热保温性能等，这些都极大地提升了建筑的环境友好性和居住舒适度。

环保型混凝土的应用能够有效促进建筑项目的绿色认证，如 LEED、BREEAM 等国际认证，帮助建筑项目获得更高的评级，从而提高项目的市场竞争力。而随着全球对环境保护和可持续发展的要求不断提高，环保型混凝土的需求和应用范围将会进一步扩大，它不仅是建筑材料领域的一大创新方向，也是推动建筑业和材料工业向绿色、低碳、循环发展转型的重要手段。

（1）低碱混凝土。混凝土的碱性环境（pH值为12～13）虽然对建筑结构中钢筋的防腐蚀有利，但用于道路、港口建设则可能不利于植物和水生生物的生长。因此，既符合环保要求又适宜生物生长的低碱性混凝土成为重要的研究方向，这种混凝土内部具备一定空隙，能够提供植物根系或水生生物所需的养分和生长空间。

（2）多孔混凝土。多孔混凝土也被称为无砂混凝土，主要由粗骨料组成，利用水泥直接黏结粗骨料而成，这种结构的混凝土透气性和透水性较好，其内部连续的空隙不仅可以降低环境压力，还为生物提供了栖息和繁衍的空间，是一种创新的环保建材。

（3）植被混凝土。植被混凝土基于多孔混凝土技术，通过在孔隙中填充有机和无机养料来支持植物生长，并添加各种改善混凝土内部性质的添加剂，创造出适合植物生长的环境。此外，植被混凝土表层覆盖了一层含有种子的客土层，为种子提供早期生长所需的营养。以上环保型混凝土的研发和应用不仅支持了可持续发展的理念，还为生态环境保护和生物多样性的增强做出了贡献。

（4）透水混凝土。透水混凝土，又被称为渗透混凝土或透水性混凝土，是一种具有良好水渗透性的特殊混凝土材料。它通过调整混凝土的配比，减少或不使用细骨料，增加孔隙率，从而使水能够通过混凝土直接渗透到地下。透水混凝土不仅能够减轻城市地表径流压力，防止水体积聚和城市内涝，还能有效补充地下水资源，改善城市微气候，具有重要的环境保护和可持续发展价值。

透水混凝土的应用范围广泛，包括人行道、公园步道、住宅区庭院、车库和停车场地面以及城市广场等。这些区域使用透水混凝土铺设可以有效减少雨水径流，减轻城市排水系统的压力，同时减少地表热岛效应，提升城市生态环境质量。

此外，透水混凝土还具有自洁功能，能够在雨水渗透过程中过滤掉一部分污染物，减轻雨水对城市水体的污染。其良好的透水性能还有利于植物根系的生长，有助于绿色植物在城市硬化地面中更好地生长，增加城市绿化面积，提升城市生态环境。

透水混凝土虽然在性能上具有众多优势，但在实际应用中也面临一些挑战，如承载力相对较低、长期使用后孔隙可能被细小颗粒物堵塞而影响透水性能等。因此，需要不断优化透水混凝土的材料配比和维护管理方法，以保持其长期的透水性和环境效益。

随着城市化进程的加速和对城市可持续发展要求的提高，透水混凝土作为一种具有显著环境友好性能的建材，其应用前景将越来越广阔，对于推动绿色建筑和可持续城市发展具有重要意义。

4. 机敏型混凝土

机敏型混凝土，也被称为智能混凝土或自感应混凝土，是一种具有自我诊断和自我修复功能的先进混凝土材料。这种混凝土能够对自身的损伤进行检测并在一定程度上自行修复，从而显著提升结构的耐久性和使用寿命，降低维护成本。机敏型混凝土通过内置的传感技术或加入特殊材料（如微胶囊、细菌等）实现智能功能，是材料科学和结构工程领域的一大创新。

机敏型混凝土的发展不仅为提高建筑结构的安全性和可靠性提供了新的解决方案，还对延长建筑物和基础设施的寿命、降低生命周期成本具有重要意义。尽管当前机敏型混凝土的成本相对较高，且技术仍在发展阶段，其在关键结构如桥梁、隧道、高层建筑及海洋平台等方面的潜在应用价值已经得到广泛认可。

（1）自诊断智能混凝土。自诊断智能混凝土通过嵌入具有压敏性和温敏性等特性的导电组分，赋予了传统混凝土自感应的能力。这种智能混凝土的核心在于，通过将导电材料掺入混凝土基体，制备出能够对外界压力和温度变化做出反应的复合材料。目前，广泛应用于智能混凝土中的导电组分主要包括聚合物类、碳类和金属类，其中碳类和金属类导电组分因具有优异的导电性能而被更频繁地使用。

碳类导电组分主要包括石墨、碳纤维和炭黑，这些材料能够有效提升混凝土的导电性，使其在感受到外界压力或温度变化时产生电阻变化，从而实现自感应功能。金属类材料，如金属微粉、金属纤维、金属片和金属网等，同样可以被添加到混凝土中，以增强其导电性能。这些金属组分不仅提升了混凝土的导电性，还增强了其机械性能。

利用这些导电组分，自诊断智能混凝土能够在结构受到损伤时通过变化的电阻值来检测并报告其健康状况，从而实现对结构的实时监控和早期警告。这种自感应的能力为混凝土结构的维护、修复提供了新的解决方案，大大提高了建筑物的安全性和可靠性。

（2）自调节机敏混凝土。自调节机敏混凝土通过嵌入具有电力效应和电热效应的材料，赋予混凝土独特的智能性能。这种混凝土能够根据外界条件和内部状态的变化自主调节自身性能和反应，从而实现结构的智能化管理和维护。

这种能够自我调节和响应环境变化的混凝土为智能化建筑的发展提供了重要的材料基础，展示了未来建筑材料科技的发展方向。通过这种方式，建筑物不仅能够实现更高的结构安全性和耐久性，还能响应环境变化，提高能源效率，进一步推动建筑行业向智能化和绿色化发展。

（3）自修复机敏混凝土。自修复机敏混凝土，作为建筑材料技术革新的前沿，是指能够在发生微观损伤时自动检测并修复这些损伤的混凝土。这种混凝土通过嵌入或添加具有自修复功能的材料，如微胶囊、细菌或特殊化合物，来实现自我修复的功能。当混凝土结构出现裂缝时，这些被嵌入的材料会被触发，促进裂缝的自我修复，从而恢复材料的完整性和功能，显著提高结构的耐久性和降低维护成本。

微胶囊技术是混凝土实现自修复的一种方式，其中的微胶囊内装有修复剂，当裂缝形成并穿透这些微胶囊时，修复剂会流出并与空气或水发生化学反应，固化形成填充物，从而封闭裂缝。另一种方法是加入能够产生钙质沉积的细菌，当混凝土出现裂缝并与水接触时，细菌被激活，并通过生命活动产生钙质沉积物而自然填补裂缝。

除了上述技术，研究者还探索了使用形状记忆合金、纤维以及新型聚合物等材料来增强混凝土的自修复能力。这些材料可以在裂缝形成时产生一定的应力响应，促进裂缝的闭合。

自修复机敏混凝土不仅减少了人工检测和修复的需要，降低了长期维护的劳动和成本，还能延长建筑和基础设施的使用寿命，提高结构安全性。尽管目前这种技术的成本和应用还面临一定的挑战，但其在提高城市基础设施的可持续性和减少环境影响方面展现出巨大的潜力。未来，随着材料科学和生物工程领域的进一步发展，自修复机敏混凝土有望在建筑工程中得到更广泛的应用。

（三）发展绿色混凝土的必要性

波特兰水泥混凝土自推广以来，凭借原材料的广泛可得、成本低廉、成型灵活以及优异的强度和耐久性等特点，在土木工程领域迅速获得普及，成为现代最重要的人造工程材料之一。预计在未来相当长一段时间内，水泥混凝土仍将保持其作为建筑材料的广泛应用和巨大消耗量。

然而，混凝土的大规模使用也引发了包括环境污染在内的一系列问题。生产水泥的过程中产生的二氧化碳是造成温室效应的主要气体之一，此外，水泥产业还消耗大量自然资源。因此，如何使混凝土成为真正的绿色材料，以及如何确保其生产和使用过程符合可持续发展的原则，成为决定其能否长期作为主要建筑材料的关键。

为实现这一目标，研发低碳或无碳水泥替代品、提高使用废弃物和副产品作为原材料的比例、开发自愈合和再生混凝土技术等策略变得尤为重要。通过这些措施，可以减少混凝土生产和使用过程中对环境的影响，提升其环境友好度，从而支撑混凝土在未来建筑材料市场中的持续发展和应用。

（四）发展绿色混凝土的措施

绿色混凝土自提出以来，成为建筑材料研究领域的重点，旨在开发同时满足建筑性能需求和环保要求的混凝土材料。发展绿色混凝土的关键措施包括以下几种：

（1）采用绿色水泥作为基础材料，并保证砂石料的采集过程有序，尽量减轻对环境的影响，同时推广使用石屑替代天然砂的技术。

（2）力求减少水泥用量，以降低水泥生产过程中二氧化碳、二氧化硫等副产品的排放，从而缓解温室效应和酸雨问题。

（3）发挥高强度混凝土的性能优势，通过提升混凝土的强度，减少结构尺寸和用量，进一步节约资源。

（4）推广集中搅拌混凝土的方式，减少现场搅拌产生的废料、粉尘和废水，实施循环利用。

（5）对废弃混凝土进行回收利用，开发再生混凝土技术，减少对新材料的需求。

（6）发展预制混凝土技术，提高生产效率和环保性能，减少施工现场的环境污染和资源消耗。

通过这些措施，绿色混凝土的研究和应用不仅能满足建筑行业的需求，还能促进环境保护和资源节约，有助于实现可持续发展的目标。

（五）实现混凝土可持续发展的途径

1. 发展环保型胶凝材料，节约水泥

（1）优质粉煤灰。粉煤灰作为一种高价值的工业副产品，其在混凝土中的应用具有显著的环境和经济效益。用粉煤灰部分替代水泥或细骨料，不仅可以减少水泥的使用量，降低混凝土生产的碳排放，还能利用粉煤灰的胶凝性质提高混凝土的综合性能。尤其是粉煤灰的低水化热特性，对于大体积混凝土施工而言，能有效控制温度升高，减少热裂风险。

虽然粉煤灰的添加改善了混凝土的工作性和耐久性，降低了其渗透性，提高了其抗硫酸盐侵蚀和抗碱—骨料反应的能力，但其在混凝土中的应用仍面临一定的挑战。主要问题是粉煤灰的早期强度发展较慢，这在要求早期脱模和快速施工的项目中可能成为制约因素。此外，粉煤灰的来源不同，其化学成分和物理性质的波动也可能影响混凝土的质量和性能。

为了克服这些挑战，粉煤灰混凝土的生产需要精确控制粉煤灰的质量，并且优化混凝土的配比。例如，可以通过添加化学激发剂来提高粉煤灰的活性，增强其与水泥的协同效应，以改善混凝土的早期强度和长期性能。此外，利用先进的材料技术，如纳米技术和生物技术，可以进一步激活粉煤灰的潜能，开

发出具有更高性能的粉煤灰混凝土。

尽管存在挑战，但随着建筑材料技术的进步和可持续发展理念的普及，粉煤灰在混凝土中的应用前景仍然非常广阔。科学合理地利用粉煤灰不仅能够有效提升混凝土的性能，还能促进工业副产品的资源化利用，实现建筑材料生产的环境友好和可持续发展。因此，持续研究粉煤灰混凝土的性能优化和应用拓展对于推动建筑材料行业的绿色转型具有重要意义。

（2）高炉矿渣微粉。高炉矿渣微粉是一种由高炉冶炼铁矿石过程中产生的副产品（矿渣）经过干法磨制成的细微粉末。它是一种优质的胶凝材料，广泛应用于混凝土和水泥制品中，因具备改善混凝土性能的多种特性而备受青睐。高炉矿渣微粉不仅能够提高混凝土的工作性和耐久性，还能降低混凝土的渗透性，增强其抗硫酸盐侵蚀和抗碱—骨料反应的能力，从而延长混凝土结构的使用寿命。

高炉矿渣微粉的胶凝活性源于其主要成分中的硅酸盐、铝酸盐等，其在水的作用下能够形成胶凝体，这使它成为水泥的理想替代品之一。在水泥中掺入一定比例的高炉矿渣微粉，可以有效降低水泥的生产成本和能耗，同时减少二氧化碳排放，对环境保护具有重要意义。此外，使用高炉矿渣微粉还能改善混凝土的整体性能，提高其耐候性、耐腐蚀性和抗裂性。

这些性能的改善不仅对于提高混凝土结构的使用寿命有重要影响，还有助于减少水泥的生产和使用量，从而减少二氧化碳的排放，对环境保护和资源节约具有重要意义。因此，高炉矿渣微粉的合理利用是推进建筑材料产业朝着更环保、更可持续方向发展的有效路径之一。

然而，高炉矿渣微粉的胶凝活性受其化学成分和磨细度的影响较大，因此在实际应用中需要根据具体要求精确控制其质量标准。随着混凝土技术的不断发展和对可持续建筑材料需求的增加，高炉矿渣微粉的应用前景越来越广阔。利用科学的配比设计和合理的施工工艺，可以最大限度地发挥高炉矿渣微粉在混凝土中的作用，为建筑工程提供更加环保、经济、耐用的建材解决方案。

（3）硅粉及其复合细掺料。硅粉作为冶炼硅铁或其他硅工业的副产品，因具有高活性而在现代高性能混凝土的生产中发挥重要作用。将硅粉掺入混凝土能显著提高混凝土的强度和耐久性，因此，硅粉是现代高性能混凝土不可或缺的组成部分。硅粉的颗粒极为细小，虽然这一特性使处理过程变得复杂，但它仍旧是优质的混凝土辅助胶凝材料。

硅粉的应用虽受其产量和成本的限制，但其用量逐渐增加。若硅粉与其他矿物细掺料（例如，优质粉煤灰）一起混合使用，不仅能实现性能的叠加效应，还能从经济角度提高混凝土材料的性价比。这种复合细掺料的策略不仅优化了混凝土的性能，还有效利用了工业副产品，降低了成本，同时促进了资源的循环利用和环境保护，体现了可持续发展的原则。随着混凝土技术的进一步发展和硅粉生产技术的改进，预计硅粉在高性能混凝土中的应用将得到更广泛的推广。

（4）固体垃圾燃烧后的灰烬。城市固体垃圾燃烧产生的灰烬，包括底灰和飞灰，在处理过程中确实存在被用于有益用途的潜力。随着城市化进程的加快和环保意识的提升，如何高效、环保地处理这些日益增多的城市固体废弃物成为一个迫切需要解决的问题。将固体废物燃烧后的灰烬作为混凝土的辅助胶凝材料，不仅可以减少水泥的使用量，还能避免填埋这些灰烬对环境造成的潜在危害。

将这些灰烬直接外掺入混凝土中可以有效利用这一废弃物资源，为混凝土行业提供一种新的原材料选择。但是，这种方法需要严格控制灰烬中有害有毒物质的含量，确保这些物质在混凝土中不会释放出来，影响环境和人体健康。利用科学的处理和测试方法可以最大限度地降低灰烬中有害物质的活性，确保其安全使用。

这种创新的资源循环利用方式，不仅响应了绿色环保和可持续发展的理念，也展示了环保技术和建筑材料领域的跨界合作潜力。随着相关技术的进步和环保标准的完善，城市固体垃圾燃烧灰烬作为辅助胶凝材料在混凝土中的应用有望得到进一步的开发和推广，为混凝土行业和环境保护带来双赢的效果。

2. 开发混凝土骨料新来源

将废弃混凝土块经过清洗、破碎和分级等工序处理后得到的再生骨料用作新混凝土的骨料，是符合可持续发展原则的。这种新混凝土不仅减少了建筑废料的堆积，还节约了自然资源，降低了新混凝土生产对环境的影响，体现了资源回收和循环利用的理念。

在欧洲和日本，再生混凝土的研究、试验和应用已经取得了一定的进展，并且已经在实际工程中应用，相应的使用规范和指南也正在逐步建立。与此同时，中国和美国在再生混凝土的研究和应用方面还处于起步阶段，但已经开始关注并推进这一领域的发展。

随着技术的进步、研究的深入以及社会对环境保护意识的增强，再生混凝土的应用范围预计将进一步扩大。这不仅有助于推动建筑材料的绿色转型，也会为实现可持续发展的全球目标做出重要贡献。随着人们对环境保护关注度的提高和相关技术的完善，再生混凝土在建筑材料领域的应用前景将越来越广阔。

（六）推动绿色混凝土的应用

为推进混凝土工程领域的环保发展，以下措施至关重要：

（1）提升混凝土行业从业者的环保意识，包括科研人员、标准制定者、设计和施工团队，通过加强绿色理念教育和宣传，确保环保观念贯穿混凝土工程的各个环节。

（2）积极推进高品质水泥熟料的生产，优化熟料生产比例，通过改良矿物组成和水泥改性，研发低能耗、高效能的水泥新品种，旨在调整产品结构，以满足高性能和绿色混凝土的需求，同时尽可能减少混凝土中的水泥含量。

（3）大力推广人造骨料生产，尤其是利用工业废渣如粉煤灰、煤渣等生产轻质骨料，以及充分利用城市废弃物，如旧建筑物废料，来代替天然骨料，减少对天然资源的依赖。

二、绿色高性能混凝土

（一）绿色高性能混凝土的定义及分类

1. 绿色高性能混凝土的定义

绿色高性能混凝土，作为一种革新型建筑材料，具有卓越的施工性、耐用性及高强度特性。它在环保、能源节约及对人体健康友好方面的特质标志着混凝土技术的新方向。它具备四大显著特性：其一，相较于传统混凝土，拥有更卓越的力学与耐久性能，有效减少了维护与拆迁过程对环境造成的建筑废弃物污染；其二，通过广泛回收工业废料等资源，极大地降低了对高能耗、高污染的水泥生产的依赖；其三，优化施工过程，力求减少在利用工业废料等资源时产生的能源消耗；其四，与自然环境和谐共存，通过循环利用非再生资源减轻环境压力。这种混凝土不仅提升了建筑材料的性能，也为可持续发展贡献了力量。

2. 绿色高性能混凝土的分类

（1）减轻环境负荷型混凝土。减轻环境负荷型混凝土是指从混凝土的生产、使用直到废弃的全过程中，能够减轻给地球环境造成的负担。其实现的主要技术途径包括以下几种：

①采用可持续的原材料制造环保型混凝土。这种做法主要涉及重新利用固体废料，例如利用城市垃圾焚烧灰、污泥以及其他工业废料配合石灰石等生产生态水泥。生态水泥作为一种新型的水硬性胶凝材料，其生产过程不仅有助于缓解城市废弃物处理压力，还可以减轻对传统石灰石资源的依赖，从而在一定程度上缓解能源和资源危机。

使用生态水泥制备的混凝土不仅继承了传统混凝土的基本性能，还增添了环境友好的特质。这种混凝土的应用可以在建筑行业形成闭环循环利用的模式，有效减少建筑材料生产过程中的碳排放和能耗，促进了建筑行业的绿色转型和可持续发展。此外，这种方法也为固体废弃物的处理提供了新的途径，将原本对环境构成负担的废料转化为有价值的资源，实现了废弃物的减量化、资源化和无害化。

再生混凝土也是减轻混凝土生产环境影响的有效手段之一。它通过回收和再利用建筑废料和废弃混凝土，作为新混凝土的骨料或部分水泥替代材料，既节省了自然资源，又减少了废弃物的填埋量。通过这种方式，再生混凝土的应用不仅提升了材料的使用效率，还对环境保护起到了积极作用。

②采用特定的技术和方法降低混凝土使用过程中对环境的影响，如免振自密实混凝土和高耐久性混凝土。免振自密实混凝土能够仅依靠自重实现自我密实和自流平，无须外加振动力。这种混凝土的生产和施工因无须额外振动而显著降低了能耗和噪声污染，展现了混凝土施工的环保特性。而高耐久性混凝土则通过增强混凝土的耐用性来延长使用寿命，减少了维修和更换的需求，从而间接减少了由混凝土生产所产生的环境压力。

这些策略不仅提升了混凝土的施工和使用效率，还有效减轻了对环境的负担，展现了混凝土技术朝更加环保和可持续方向发展。通过这种方式，混凝土在其生命周期中对环境的影响显著减少，促进了建筑材料领域的绿色转型。

③通过增强混凝土的功能来减轻其对环境的影响。这一方法涉及开发和应用具有特殊功能的混凝土类型，如透水混凝土、绿化混凝土和吸音混凝土等。提升混凝土的多功能性不仅可以扩大其应用范围和延长其服务寿命，还能在节约能源和资源、保护环境方面发挥重要作用。

（2）生物相容型混凝土。生物相容型混凝土是一种创新的建筑材料，旨在提高混凝土与自然环境的和谐共存能力。这种混凝土的设计和生产考虑了对生态环境的影响，不仅关注其结构性能，还强调对生物环境的友好性。通过选择对环境影响小、可持续获取的原材料，如使用生物基或再生骨料，以及添加生态友好的添加剂和改性剂，生物相容型混凝土可以减少对生态系统的干扰和破坏。

此外，生物相容型混凝土还研究如何促进微生物生长，增加生物多样性。例如，通过调整混凝土表面的粗糙度和孔隙结构，可以为微生物和小型植物提供栖息地，使混凝土表面生长出苔藓或其他植物，从而促进城市绿化和增强生物多样性。这种混凝土在城市建设中的应用，如生态停车场、人行道等，不仅提供了必要的结构功能，还为城市生态系统的恢复和提升贡献了力量。

生物相容型混凝土的研究和应用代表了建筑材料领域对环境保护和可持续发展的深入思考。它挑战了传统混凝土材料在环境适应性方面的局限，通过科学技术的创新，探索了既能满足建筑功能需求，又能与环境和谐共存的建材解决方案。随着人们环保意识的提高和绿色建筑标准的推广，生物相容型混凝土的研究和应用前景将越来越广阔，有望成为未来城市建设中推动生态文明建设的重要力量。

（二）绿色高性能混凝土的原材料

1. 水泥

水泥是一种广泛用于建筑行业的关键材料，是主要由石灰石、黏土、铁矿石和砂在高温煅烧下形成的粉末。它在加水后会发生化学反应，逐渐硬化成具有良好黏结性能的固体，因此被广泛用于各种建筑和工程结构中，如房屋、桥梁、道路和隧道等。水泥的种类多样，包括普通硅酸盐水泥、硫铝酸盐水泥、白色水泥和块硬水泥等，根据其化学成分和物理性质的不同适用于不同的建筑需求。

尽管水泥在建筑行业中不可或缺，但其生产过程中的高能耗和高碳排放问题也引起了广泛关注。因此，绿色环保的水泥生产技术和替代材料的开发成为研究的热点，例如使用工业废料如飞灰和矿渣替代部分原材料，以及开发低温固化技术和碱激活技术等，旨在减少水泥生产对环境的负面影响，推动建筑材料行业的可持续发展。

（1）水泥生产的方式。水泥工业是全球建筑行业的基石之一，它提供了构建现代社会所需的关键材料。随着技术的进步和对可持续发展需求的增加，水泥生产已发展出多种方式，以适应不同的环境和社会需求。以下是几种主要的水泥生产方式：

①传统水泥生产方式。这是最广泛的水泥生产方式，涉及将石灰石、黏土等原料在高温下煅烧，将生成的熟料研磨加工成水泥。这一过程能耗高，碳排放量大，但成本相对较低且生产工艺成熟，因此在全球范围内仍被广泛采用。

②混合水泥生产方式。为了减少对环境的影响，混合水泥通过在传统的水泥熟料中掺入一定比例的其他材料，如工业废渣（飞灰、矿渣）、火山灰或石灰石粉等，来降低煅烧过程中的能耗和二氧化碳排放。这些添加剂不仅能提高水泥的环境友好性，还能改善混凝土的耐久性和工作性。

③生态水泥生产方式。生态水泥是指采用可持续技术和原料生产的水泥，比如使用城市垃圾焚烧灰、污泥作为原料的水泥。这种水泥的生产旨在最大限度地减少对环境的影响，即通过回收利用废弃物资源来降低对自然资源的依赖。

④低碳水泥生产方式。随着全球对气候变化的关注，低碳水泥成为研究的热点。这种水泥生产方式通过改进生产工艺和替代原料显著降低二氧化碳排放。例如，通过碳捕获和存储技术减少生产过程中的碳排放，或使用替代能源

如生物质能源来替代传统化石燃料。

⑤碱激活水泥（地聚物水泥）生产方式。这种水泥生产方式不依赖传统的石灰石煅烧工艺，而是通过碱性物质激活工业废渣（如高炉矿渣）来生产胶凝材料。这种方法不仅能大幅减少二氧化碳排放，还能有效利用工业废弃物，具有很高的环境和经济价值。

⑥免烧水泥技术生产方式。通过化学方法生产水泥，不需要高温煅烧过程，能显著降低能耗和碳排放。

随着环境保护意识的增强和技术的不断进步，水泥工业正在朝更加绿色、环保的方向发展。未来，随着新材料、新技术的应用，水泥的生产方式将更加多样化，以满足全球可持续发展的需求。

（2）发展绿色水泥应采取的措施。要使我国水泥生产朝着绿色生产方方向迈进，应采取以下措施：

①节约能耗。采取技术措施降低水泥生产中的能耗。通过引进新型干法生产线、提高煤炭利用效率和完善粉磨设备等方式，提高水泥生产的能源利用效率，实现节能减排。

②循环利用废渣。加大对工农业废渣的循环利用力度。将高炉矿渣、粉煤灰、硅灰等废渣作为水泥混合材，研究开发大掺量混合材水泥品种，以减少对原始资源的依赖，同时提高环境友好性。

③严格控制粉尘排放。对水泥生产过程中的粉尘排放加以限制。通过改造设施、安装收尘设备等措施，将粉尘排放降至 50 mg/m³ 以下，甚至接近零排放，以保护环境。

④推广散装水泥。大力推广散装水泥，避免使用包装袋，减少二次污染。散装水泥的推广将为水泥生产和运输提供便利，同时减少对环境的污染。

以上措施可以有效降低水泥生产过程中的能耗和废物排放，推动我国水泥产业朝绿色、环保、可持续发展的方向迈进。

2. 其他原材料

绿色高性能混凝土在材料的选用和使用中提倡高环保标准和优异性能，强调对活性掺合料、集料、外加剂及拌和水质量严格要求。这不仅是为了提升混凝土的综合性能，如耐久性、强度和工作性，也是为了最大限度地减少建筑材料在生产和使用过程中对环境的负面影响，及其对人体健康的潜在危害。

（1）活性掺合料。通常包括工业副产品如粉煤灰、硅藻土、高炉矿渣等，它们不仅可以提高混凝土的性能，还能实现资源的循环利用，减少废弃物的排放。控制这些材料的质量，如颗粒大小、化学成分和活性水平，是确保混凝土性能和环保性的关键。

（2）集料。包括粗集料和细集料，其质量直接影响混凝土的强度和耐久性。使用高质量的再生集料不仅可以节约自然资源，还能减少建筑垃圾。

（3）外加剂。高效减水剂、缓凝剂、早强剂等外加剂能改善混凝土性能，但其环保属性同样重要。选择无毒或低毒性的外加剂能够减少对环境和人体健康的潜在危害。

（4）拌和水。水质对混凝土的凝结时间、强度发展以及耐久性均有影响。使用清洁的水资源，尽可能地利用再生水是提高混凝土绿色性能的又一措施。

随着科技的进步，这些材料的环保标准和性能要求将通过更精细的科学研究和技术创新得到量化和标准化，为混凝土的生产提供明确的质量控制依据。通过严格的材料选择和质量控制，绿色高性能混凝土的发展能实现建筑材料使用的高效化、环境友好化和健康安全化，推动建筑行业向可持续发展转型。

三、废弃混凝土再生骨料

（一）废弃混凝土开发利用的必要性

随着全球城市化的加速，建筑行业迎来了迅猛发展。在这一过程中，大量的旧建筑被拆除，产生了大量建筑废弃物，其中以废弃混凝土为主。这些废弃物不仅带来高昂的处理成本，还需占用大片土地进行存储，对环境造成污染，浪费宝贵的耕地，成为城市发展的一大障碍。同时，混凝土的生产对砂石骨料的需求巨大，面对砂石资源的短缺和价格上涨，不合法采砂活动频发，这些活动不仅破坏了河道安全、水路交通和相关设施，还对土地、自然景观和绿色植被造成了严重破坏，更导致了国家资源的大量流失和浪费。为了解决这一问题，亟须转变混凝土的传统生产方式，向可持续发展转型。

利用废弃混凝土生产再生骨料，并以此拌制再生混凝土是推动混凝土产业向绿色发展的关键措施。将破碎、分级和清洗后的废弃混凝土作为新混凝土的骨料使用，不仅能有效节约天然资源，还能减少废弃混凝土对城市环境的污染，从而促进混凝土产业的可持续发展。

（二）再生骨料的生产、特点及改性

在建筑废弃物中，混凝土及钢筋混凝土中含有各种杂质，如木材、塑料、金属、纸板等。这些材料需经过筛选、清洗、破碎和分级等处理后，才能制得再生骨料。这种再生骨料既可以作为混凝土的部分骨料，也可以完全替代天然骨料，用于制备再生混凝土。除此之外，经破碎的混凝土废料还可以代替砂，应用于砌筑砂浆、抹灰砂浆、混凝土垫层等，以及生产砌块、道路铺砖、装饰

性花格砖等建筑材料。

再生骨料的表面粗糙，含有较多的棱角，并且覆盖了较多的水泥砂浆层。混凝土在拆解和破碎过程中的损伤累积导致再生骨料内部存在大量微裂纹，相较于天然骨料，其孔隙率高、吸水率大、强度较低。这些特性使再生骨料混凝土在性能上存在一些局限，例如拌合物流动性差，影响施工操作性；收缩率和徐变值相对较高；通常仅适用于制备中低强度的混凝土。据国内外资料显示，再生骨料混凝土目前主要应用于地基加固、道路工程垫层、室内地面垫层和制造砌块砖等领域。为了扩大再生骨料混凝土的应用范围，有必要对再生骨料进行改性和强化处理。根据现有的研究资料，改性再生骨料的方法主要包括以下几种：

（1）物理方法。包括加热处理、微波处理等，通过物理作用改善骨料的性能。

（2）化学方法。使用硅烷偶联剂、聚合物涂层等化学物质处理骨料表面，以提高其强度和耐久性。

（3）机械方法。通过高压水射流、研磨等机械手段去除骨料表面的松散层，改善其粗糙度和形状。

（4）生物技术方法。利用微生物作用促使骨料表面生成生物矿化层，增强其强度和稳定性。

通过上述改性处理方法可以有效提升再生骨料的质量，从而拓展再生混凝土在建筑工程中的应用领域，促进建筑废弃物资源化和环境友好型建筑材料的发展。

（三）废弃混凝土再生骨料的开发利用情况

废弃混凝土再生骨料的开发利用是近年来建筑材料领域的研究热点之一，这一趋势反映了全球建筑业在资源利用和环境保护方面所做的努力。再生骨料是指对废弃混凝土进行破碎、筛选、清洗等一系列处理过程后得到的可以重新用于混凝土生产的骨料。这种做法不仅有助于减少建筑废弃物对环境的影响，还能节约自然骨料资源，推动建筑材料行业的可持续发展。

再生骨料的应用范围日益广泛，从最初的非承重结构，如人行道、园林景观，发展到如今可以用于承重混凝土、道路基础层、预制构件等更多领域。这一进步得益于对再生骨料性能研究的深入，以及混凝土生产技术的不断创新。现代的处理技术可以有效提高再生骨料的质量，如通过改进的破碎技术减少骨料中的杂质含量，通过高级筛选技术控制骨料的粒度分布，以及通过洗涤去除表面污染等。

尽管再生骨料的技术和应用取得了显著进展，但其推广过程中仍面临诸多挑战，包括对再生骨料混凝土性能的认识不足、再生骨料生产成本相对较高以及市场接受度不够等。为了解决这些问题，需要政府制定相关政策和标准支持再生骨料的应用，加大对再生骨料技术研发的投入，并通过公共工程项目带动再生骨料混凝土的市场需求。

综上所述，废弃混凝土再生骨料的开发利用展现了环境保护和资源节约的双重价值，随着技术的进步和市场的成熟，其在未来建筑材料领域将有十分广阔的应用前景。

四、机敏混凝土

混凝土广泛应用于土木工程领域，然而，受多种外界荷载、冻融循环、环境侵蚀以及钢筋腐蚀等因素的影响，混凝土结构在长期使用过程中易累积损伤，这些损伤一旦达到特定程度，便可能威胁结构的安全运行。因此，实施有效的结构监测措施，预防潜在的结构失效是至关重要的。传统的监测手段如超声波检测和回弹测强法，虽然能提供关于混凝土结构强度的信息，但考虑到影响混凝土强度的因素众多，这些方法在精度和可靠性方面存在局限性，需要结合更广泛的参数来提升监测信息的准确性。

（一）自诊断机敏混凝土

1. 自诊断混凝土的作用机理

（1）压敏性。碳纤维增强的混凝土受到压力作用时，其内部的应力与电阻率之间的关系呈现出独特的变化趋势。具体来说，在受到的压力小于材料强度值的50%时，碳纤维混凝土的电阻率几乎保持不变，这表明材料处于动态平衡状态。然而，当受到的压力超过50%强度值时，电阻率急剧上升，说明材料内部结构受压应力影响显著，导致电阻率发生变化。在材料接近破坏时，电阻率则表现出下降的趋势，这一变化预示着试件即将被破坏。这种应力与电阻率关系的变化为碳纤维混凝土的应力监测与健康评估提供了一种有效的手段。

（2）温敏性。温敏性是指材料或系统对温度变化具有响应性的特性，能够在特定温度或温度范围内发生物理或化学变化。这种特性使温敏性材料在众多领域有广泛的应用，包括医药、智能纺织品、环境监测以及能源管理等。

在医药领域，温敏性材料可以用于开发智能药物递送系统，以控制药物的精准释放，从而提高治疗的针对性和效率。例如，某些温敏性聚合物溶液在低温下为液态，在注入人体内并接触到体温后会转变为凝胶态，缓慢释放药物。

在智能纺织品方面，温敏性材料能够根据环境温度的变化调整其透气性或保暖性，提供更舒适的穿着体验。例如，温敏性纤维在冷环境下紧密排列，达到保暖效果；在热环境下则松散排列，增加空气流通，达到自然调温的效果。

在环境监测和能源管理领域，温敏性材料可用于制作传感器和开关，实现对温度的精确监控。这些传感器在达到预设温度时能触发报警或开关设备，用于防止过热或过冷，保护设备和提高能源效率。

总的来说，温敏性材料的研究和应用正日益深入，它们通过对温度的灵敏反应为人们提供了更加智能化、个性化的解决方案，极大地促进了科技和工业的发展。随着新材料的不断发现和技术的不断进步，温敏性材料在未来的应用前景将更加广阔。

（3）压电效应。确实，碳纤维增强混凝土通过内嵌的碳纤维，为结构健康监测提供了一种新颖且有效的方法。碳纤维的导电性能使碳纤维增强混凝土在承受压力时通过电阻率的变化直接反映材料内部的应力状态，为实时监测和预警提供了可能。当碳纤维增强混凝土承受的压力小于 50% 的强度值时，材料的电阻率保持稳定，说明材料在此阶段的变形是可逆的，未对碳纤维网络造成显著影响。一旦压力超过强度值的 50%，碳纤维网络开始发生变形，导致电阻率快速上升，这表明材料进入了非弹性变形阶段。材料接近破坏时，电阻率的下降，可能是由于裂缝形成导致的碳纤维重新排列或部分接触恢复减少了路径阻力。这种压力与电阻率的关系不仅可以用于实时监控碳纤维增强混凝土结构的健康状态，还能预测其潜在的失效，为工程安全管理提供科学依据。

2. 自诊断混凝土的工程应用

自诊断混凝土作为智能化建筑材料的代表，融合了材料科学、结构工程和信息技术的最新成果，旨在提高建筑结构的安全性和可靠性。这种混凝土能够在结构出现裂纹或损伤时自动"感知"并"报告"其状态，有时甚至能够实现自我修复，极大地推动了建筑材料技术的进步。

自诊断混凝土的工程应用主要集中在以下几个方面：

（1）结构健康监测。通过在混凝土中嵌入传感器，如光纤传感器、压电传感器等，能够实时监测和评估建筑结构的健康状况。当结构承受过度负荷或由于老化出现裂纹时，这些传感器能够立即监测到问题并发送警报，使维修人员能够及时介入，从而避免潜在安全事故的发生。

（2）自我修复。一些自诊断混凝土通过添加特殊的自修复材料，如微胶囊、细菌等，能够在裂缝形成时自动激活修复机制。例如，微胶囊在裂缝形成时破裂，释放出修复剂填补裂缝；而加入的特定细菌在接触水分后产生钙质物质，促进裂缝的自然愈合。

（3）提高耐久性。自诊断混凝土通过优化材料配方和加入新型掺合料，如纳米材料，不仅能够增强其自我监测和修复能力，还能提高混凝土的整体耐久性，延长建筑结构的使用寿命。

（4）降低维护成本。自诊断混凝土能够及时发现并应对结构问题，因此能够显著减少常规维护和突发修复的需求，从而降低长期的维护成本。

尽管自诊断混凝土的研发和应用还面临诸多挑战，如成本较高、技术的可靠性和实用性评估等，但其在工程中的应用前景仍然广阔。未来，随着材料科学的进一步发展和与智能技术的融合，自诊断混凝土有望在更多领域得到应用，如高速公路、桥梁、高层建筑和海洋平台等，为建筑安全和可持续发展提供强有力的技术支撑。

（二）自调节机敏混凝土

1. 自调节机敏混凝土的作用机理

自调节机敏混凝土，也被称为智能调控混凝土，是一种集成了先进材料科学和智能技术的创新建筑材料。这种混凝土能够根据外部环境条件的变化（如温度、湿度、压力等）自动调节其性能，以适应不同的使用和环境需求。自调节机敏混凝土的基本机理主要涉及以下几个方面：

（1）温度响应。通过添加具有温敏特性的材料，如相变材料，自调节混凝土可以在外部温度变化时吸收或释放热量，从而实现对内部温度的调控。这种性质使其在过热或过冷的环境中能够维持结构内部的温度稳定，提高居住舒适度并节约能源。

（2）湿度响应。通过混入对湿度变化敏感的材料，如超吸水性聚合物，自调节混凝土能够在湿度增加时吸收水分，在湿度降低时释放水分，从而调节内部的湿度条件。这种特性对于需要控制湿度以保护敏感设备或存储物品的空间尤为重要。

（3）压力响应。通过整合压电材料或纤维，自调节混凝土可以在受到压力或应力时产生电信号，这些信号可以用于监测结构的健康状况或触发某些自修复机制，如裂缝自愈。

（4）自愈合能力。通过加入能够自行触发修复过程的材料，如微胶囊或细菌，自调节混凝土能够在产生微裂缝时自动启动修复过程，填补裂缝，恢复结构的完整性。

自调节机敏混凝土的开发和应用展现了现代建筑材料技术的创新方向，旨在通过智能化手段提升建筑材料的性能和适应性，满足未来建筑的高效能和可持续发展需求。随着研究的深入和技术的进步，自调节机敏混凝土有望在提高建筑安全性、延长结构寿命以及促进可持续发展方面发挥重要作用。

2. 自调节机敏混凝土的应用

自调节机敏混凝土的开发代表了建筑材料领域向高度智能化和功能化转型。这种材料能够根据环境变化，如温度、湿度和压力变化等，自动调整其性能，为现代建筑提供了前所未有的适应能力和耐久性。其应用前景广泛，具体包括以下几方面：

（1）能源高效建筑。自调节混凝土可以通过调控其热性能响应外部温度变化，有效减少建筑的能源消耗。在炎热的夏季，它可以帮助建筑物保持凉爽，而在寒冷的冬季，则帮助保持室内温暖，从而减少空调和供暖系统的使用需求。

（2）智能基础设施。在桥梁、道路和隧道等基础设施中应用自调节机敏混凝土，可以实现对结构健康的实时监测，并在发现裂缝或损伤时自动启动修复过程，大大提高了公共安全和减少了维护成本。

（3）环境适应性结构。自调节机敏混凝土能够在遇到极端天气或环境条件时自动调整自身性能，如在洪水期间增加防水能力，或在高湿环境中调节透气性，保护结构免受损害。

（4）可持续建筑材料。将工业废物或可再生资源作为原料，减少了自调节混凝土在生产过程中对环境的负面影响，同时其自愈合能力减少了其长期维护和修复的需求，符合可持续发展的原则。

尽管自调节机敏混凝土的研发和应用还处于相对初级阶段，需要进一步的技术突破和成本优化，但其在未来建筑和基础设施项目中的应用潜力巨大，预示着建筑材料技术发展的新方向。随着研究的深入和技术的成熟，自调节机敏混凝土有望在提高建筑性能、延长使用寿命以及促进可持续发展方面发挥关键作用。

第二节　绿色保温材料

一、保温材料概述

保温材料用于减少能量消耗和提升能效，在工业和建筑领域尤为重要。使用如矿物棉等绝热产品可以显著节约能源，例如每年使用一吨矿物棉可节省等量的石油。

尽管传统保温隔热材料通过增加气体空隙来降低热传导，但它们在使用过程中存在诸多限制，如纤维类材料需要较厚的保护层，型材类无机材料则面临拼接多、美观度低、防水性能不佳及寿命短等问题。因此，开发具有高隔热反射能力的新型保温材料成为研究焦点。

美国国家航空航天局（NASA）在20世纪90年代研发的新型太空绝热反射瓷层是这方面的一个突破。这种由微小陶瓷颗粒构成的材料展现了出色的隔热反射性能，拥有高反射率、高辐射率、低导热系数等优异特性。尽管其高昂的成本限制了其在国内外更广泛的应用，但它的出现激发了研发更经济、高效的新型保温材料的热情。

国内研发的新型太空反射绝热涂料就是这一努力的成果。这种涂料以硅丙乳液和水性氟碳乳液为基底，利用极细中空陶瓷颗粒作为填料，有效地反射太阳光和近红外线，同时通过在涂膜中引入微孔空气层来隔绝热传递。该技术不仅能显著降低被涂物体表面的温度，还具有优良的绝热性能，因此成为节能、环保和经济效益兼备的选择。

（一）发展趋势

全球的保温隔热材料正朝高效、节能、一体化的方向发展，重点在于开发新型材料和技术，同时注重材料的针对性使用、标准化设计及施工，以提高保温效率并降低成本。多家国内外企业已投入薄层隔热保温涂料的研发和生产中，如水性反射隔热涂料、太阳热反射隔热涂料等，这些材料采用了耐候性强、耐水性强、耐老化性好的成膜材料，结合了轻质、耐高温、高热阻的填料，可有效隔断热量传递，适用于各种场合的涂装需求。

（二）分类

1. 按材料成分分类

（1）有机材料。有机保温材料，如聚氨酯泡沫、聚苯板和酚醛泡沫，因具有轻质、易加工、密度高和保温隔热性能优良等特性而被广泛使用。然而，这些材料存在不耐老化、变形系数高、稳定性和安全性不足、易燃、对环境不友好、施工困难及成本较高等缺点，资源利用有限，难以回收再利用。

聚苯板等传统有机保温板尽管保温效果良好，在中国的建筑保温材料市场占据重要地位，但它们的防火性能较差，燃烧时还会产生有毒气体。在发达国家，这类材料的应用已受到严格限制。

当前，市场对 A 级无机保温材料的需求正在减少，而对有机保温材料的需求却在增加，特别是聚氨酯建筑保温材料展现出前所未有的增长趋势。B1 级聚氨酯喷涂保温材料、聚氨酯无机复合板和结构阻燃型聚氨酯保温材料等将迎来广阔的发展空间。

要保持聚氨酯建筑保温材料的持续、稳定和健康发展，需不断提升产品质量和技术水平，强化行业自律。在进行老旧小区等建筑外保温工程综合改造时，应使用防火性能达到 A 级的保温材料，包括那些燃烧性能为复合 A 级的热固性保温材料的产品，这类复合材料的防火阻燃性能可与 A 级无机阻燃材料相媲美。

（2）无机材料。无机保温材料因具有 A 级防火性能成为建筑保温领域的重要选择。这类材料包括气凝胶毡、玻璃棉、岩棉、膨胀珍珠岩、微纳隔热材料和发泡水泥等，各自拥有独特的保温效果。

岩棉虽然具有良好的保温隔热性能，但其生产过程对人体健康可能造成危害，导致工人施工意愿低下。此外，岩棉的生产周期长，从建厂到生产需要约2年时间，且国内市场的供应量难以满足需求。

膨胀珍珠岩虽然来源丰富、生产简单、对人体无害，但其重量较大且吸水率高，这在某些应用场景中可能会成为限制因素。

微纳隔热板保温性能远超传统材料，尤其适用于高温环境，但较高的成本可能限制其在更广泛领域的应用。

气凝胶毡作为 A1 级无机防火材料，在建筑领域尤为突出。它的常温导热系数仅为 0.018 W/（K·m），并且具有绝对防水的特性，其保温性能可达传统材料的 3 ~ 8 倍，有潜力取代玻璃纤维制品、石棉保温毡和硅酸盐制品等非环保或保温性能较差的材料。

尽管膨胀珍珠岩的应用存在一定的局限性，但考虑到其原料来源广泛、生产过程简便及对人体无害，预计未来它将成为保温材料市场的主要材料之一。随着技术进步和市场需求的变化，各类无机保温材料仍有广阔的发展空间和潜力，尤其是在追求环保和节能的大趋势下。

2. 按容重分类

（1）重质保温材料。容重为 400 ~ 600 kg/m³。这类材料通常具有较好的机械强度和较低的保温性能，适用于承受较重荷载的环境。

（2）轻质保温材料。容重为 150 ~ 350 kg/m³。这类材料保温性能较好，重量轻，适用于对结构荷载要求较低的场合。

（3）超轻质保温材料。容重小于 150 kg/m³。超轻质材料提供了最佳的保温性能和最低的重量，适用于需要极佳保温效果且对结构重量敏感的场合。

3. 按适用温度范围分类

（1）高温用保温材料。适用于 700 ℃以上的高温环境。这类材料通常具有良好的耐高温性能和稳定性，如陶瓷纤维。

（2）中温用保温材料。适用温度为 100 ~ 700 ℃。适合于中等温度下的工业应用。

（3）低温用保温材料。适用于低于 100 ℃的低温环境。这些材料适用于大多数常温下的建筑保温和一些低温工业应用。

4. 按形状、形态分类

（1）粉末状、粒状、纤维状和块状。这些形状的不同让保温材料可以在不同的应用中使用，从而满足特定的施工和性能要求。

（2）多孔、纤维。特定的物质形态决定了材料的保温性能和应用场景，如多孔材料通常具有良好的隔热性能。

（三）主要品种

1. 软瓷保温材料

软瓷保温材料以天然泥土、石粉等无机物为原料，经分类混合、复合改性后，在光化异构及曲线温度下成型。其抗震、抗裂、耐冻融、抗污自洁等性能都非常优秀。

外观：至少 95% 的材料主要区域无明显缺陷（指破损、起泡、上下层分离）。

单位面积质量：≤8 kg/m²。

抗冻性：100 次循环后，用肉眼观察无裂纹、剥落、粉化等损失损坏现象。

耐老化性：1200 h，外观无裂纹、起泡现象，粉化小于 1 级。

燃烧性能：厚度 > 3 mm；A 级厚度 ≤3 mm。

2. 硅酸铝复合保温涂料

硅酸铝复合保温涂料是一款无毒无害的绿色无机单组分涂料，具备出色的吸音、耐高温、耐水、耐冻和低收缩率等特性，能形成整体无缝、无冷桥或热桥的保温层。这种材料具有质量稳定，抗裂、抗震、抗负风压能力强，质轻且保温效果卓越等优点，易于施工且保持性强，能有效避免传统墙体保温材料中的吸水性大、易老化、体积收缩率高等问题，同时克服了聚苯颗粒保温涂料的易燃性、防火性差和在高温下易产生有害气体的缺点。其燃烧性能达到 A 级不燃标准，能在 -40 ~ 800 ℃的温度范围内经受急冷急热而不裂开、不脱落、不燃烧，还具有耐酸、耐碱、耐油等特性。因此，硅酸铝复合保温涂料是目前市场上安全系数最高、综合性能和施工性能最理想的保温涂料之一，其性价比远超其他同类产品。

3. 酚醛泡沫材料

在生产过程中，酚醛泡沫不使用氟利昂等对环境有害的物质作为发泡剂，符合国际环保标准。其分解产物无毒无味，既安全又环保，满足了国家对绿色环保材料的要求。因此，酚醛泡沫被誉为"保温材料之王"，成为保温、防火、隔音的新一代材料，在国际建筑行业中具有极大的发展潜力。

在美国，酚醛泡沫由于其隔音保温用途在建筑行业占有 40% 的市场份额；日本也积极推广这种新型材料的应用。酚醛泡沫材料不仅在火中表现出色，不燃、不熔化且不释放有毒烟雾，还具备轻质、无毒、耐腐蚀、保温节能、隔音、经济实惠等众多优点，并且施工便利，是空调系统、各种电器保温的最佳选择。此外，其在冷藏、冷库保温、工业管道设备保温、建筑隔墙、外墙复合板、吊顶天花板、吸音板等领域的应用展现了无可比拟的综合性能，弥补了其他保温材料在防火性能和吸水性上的短板，代表了第三代保温材料的优越性。

4. 橡胶保温材料

橡塑保温材料作为一种符合 ISO 14000 国际环保认证的绿色环保产品，

不含对大气层有害的氯氟化合物，保证了在安装和使用过程中不会释放任何对人体有害的污染物。这种高品质的保温节能材料以低热传导系数、稳定的隔热性能和杰出的防结露效果而被广泛认可。它的防火性能经国家标准测试达到 GB 8624B1 级难燃性标准，使用安全有保障。

橡塑保温材料采用精细的微发泡技术制造，形成闭泡式结构，有效提高泡孔闭合率，降低导热系数，增强抗水汽渗透能力，从而延长材料的使用寿命。其湿阻因子 μ 值大于 3500，形成了内置的防水汽层，保证了即便表面有轻微损伤也不会影响整体的隔气性。这使橡塑材料本身就能兼作保温层和防潮层，无须额外的隔气措施。

使用橡塑保温材料可以大幅度减少保温材料的厚度，相较于其他保温材料节省了大约三分之二的厚度，这有助于节省室内空间，提升室内高度。橡塑的耐候性、抗老化性和对极端天气的适应性，以及抗紫外线和耐臭氧的能力，确保了其长达二十五年的使用寿命，无须特别维护。

此外，橡塑材料外观高档、匀整美观，高弹性和平滑的表面质感使其即便用于不规则的管道或阀门上也能保持美观。其安装过程简单快捷，材质柔软且不需其他辅助层，施工方便。这些特点使橡塑保温材料在中央空调、建筑、化工、医药、轻纺、冶金、船舶、车辆、电器等行业得到广泛应用。

5. 玻璃棉保温材料

玻璃棉是利用先进的离心技术将熔融状态的玻璃制成细小的纤维，并使用环保型配方的热固性树脂作为黏结剂处理后的一种弹性纤维制品。这种材料以其纤维直径仅为几微米，并能够通过防潮贴面技术满足不同用户的特定需求而被广泛认可。玻璃棉内部结构由众多微小气孔组成，因此具有优秀的保温隔热、吸声降噪及安全防护功能，是目前建筑领域中应用于保温隔热和吸声降噪的优选材料。

在实际应用中，玻璃棉被广泛用于工业厂房、仓库、公共建筑、展览中心、购物中心以及娱乐设施和体育馆等，提供绝热保温和吸声降噪解决方案，从而创建更加舒适和安静的环境。

6. 发泡水泥保温材料

发泡水泥利用先进的发泡技术，使用发泡机将发泡剂机械化充分发泡，后与水泥浆充分融合，形成拥有大量封闭气孔的轻质混凝土。通过发泡机泵送系统现场浇筑或借助模具成型，并自然养护成型，形成的是新型轻质、保温防火的建筑材料。这种材料的主要特征在于其内部封闭的泡沫孔结构，这不仅显著减轻了混凝土的重量，同时大大增强了其保温隔热的性能，是一种具有优异保温性和良好防火特性的气泡型绝热材料。

（四）保温材料生产设备对比

市场上生产外墙保温材料的设备主要包括普通干粉搅拌机和专用外墙保温砂浆设备两大类。这两类设备在操作和产出效果上各具特点。

普通干粉搅拌机具有通用性，能够处理各种类型的外墙保温材料。尽管如此，由于其搅拌过程可能导致材料混合不均或破损率较高，最终生产的外墙保温产品在保温性能上可能只满足基本需求，适合对保温性能要求不是特别严格的建筑项目。

专用外墙保温砂浆设备，如针对无机中空玻化微珠的搅拌设备，则能提供更优的混合效果。这种设备通过高效率的双锥形搅拌系统能够生产出性能优良的保温材料。尽管这类设备的生产商相对较少，但随着节能环保意识的增强，其将会得到更广泛的应用。

二、主要的两种绿色保温材料

纸纤维素保温材料是通过回收利用废纸制成的，具有良好的保温性能和环保性能。它通过一系列的加工处理，将废纸转化为细小的纤维素颗粒，然后加入防火、防霉等添加剂混合均匀，形成具有高保温性能和环保特性的新型材料。纸纤维素保温材料不仅利用了废弃资源，减少了垃圾填埋，而且在生产过程中减少了能源消耗和碳排放，是一种真正意义上的绿色环保产品。

植物纤维保温材料则以天然植物纤维作为原料，如稻草、麻、棉等。这些植物纤维经过特殊处理后，具有良好的保温隔热性能和环保性能。植物纤维保温材料具有可再生、可降解的特点，不仅能有效降低建筑物的能耗，还能减少对环境的负面影响，促进建筑材料朝可持续发展方向转变。

总之，随着人们环保意识的增强和建筑节能要求的提高，纸纤维素和植物纤维作为绿色环保型保温绝热材料，其应用前景广阔，将在未来的建筑保温材料市场中占有重要位置。

（一）纸纤维素墙体保温绝热材料

纸纤维素墙体保温绝热材料是一种利用回收纸张作为原料，通过一系列加工处理后得到的绿色环保保温材料。它不仅具有良好的保温隔热性能，而且对环境友好。随着人们对生态环境保护和能源节约的日益重视，纸纤维素墙体保温绝热材料在现代建筑领域的应用逐渐广泛。

1. 制备过程

纸纤维素墙体保温绝热材料的制备过程主要包括回收旧报纸、办公用纸或其他纸制品，通过机械或化学方法去除油墨和杂质，然后将处理过的纸纤维与防火、防腐、防虫等添加剂混合，最后经过特殊工艺加工成细腻的纤维素绝热材料。这一过程不但最大限度地利用了废弃纸张资源，而且减少了生产过程中的能源消耗和环境污染。

2. 性能特点

（1）优异的保温隔热性能。纸纤维素具有较低的热导率，能有效减少建筑物内外的热交换，从而达到节能降耗的目的。

（2）良好的环境适应性。纸纤维素材料具有良好的透气性和调湿性，可以调节室内的湿度，提高居住舒适度。

（3）环保和可持续性。主要原料是废弃纸张，生产过程中的污染小，材料本身也可回收再利用，符合绿色建筑的要求。

（4）安全性能高。通过添加防火、防腐、防虫等添加剂，纸纤维素墙体保温绝热材料的安全性能得到了有效提升。

3. 应用前景

纸纤维素墙体保温绝热材料适用于住宅和商业建筑的墙体、屋顶和地板等部位的保温隔热。在追求能源效率和环境友好的当代建筑设计中，该材料的应用前景广阔。随着技术的不断进步和市场的逐渐认可，预计未来纸纤维素保温绝热材料将在全球范围内得到更加广泛的推广和应用，成为建筑保温绝热材料领域的重要组成部分。

总之，纸纤维素墙体保温绝热材料以优异的性能、环保特性及良好的市场应用前景，正在成为推动建筑行业朝更加绿色、节能、可持续发展方向转型的重要力量。

（二）植物纤维保温墙体材料

我国作为农业大国，每年产生大量农作物秸秆，这些资源的有效利用对于促进农村经济发展和环境保护具有重要意义。植物纤维保温材料的开发不但为农作物秸秆找到了一条新的利用途径，而且响应了国家发展节约型社会的号召。作为建筑行业的新兴材料，植物纤维保温材料凭借优异的环保、利废、再生和节能特性，正逐渐展现出广阔的应用潜力。

1. 特点

植物纤维保温墙体材料具备以下显著特点：

（1）是改革建筑模式的基础材料。为寒冷地区的建筑施工提供了材料保障，有效解决了因气候原因导致的工期延长和施工难题；植物纤维材料的应用为建筑行业向轻质化、节能化和高效化发展提供了坚实的物质基础。

（2）生产过程低耗高效。生产植物纤维保温材料过程中的能耗极低，每平方米的电耗和水耗成本极低，显著降低了生产成本，同时保证了高效产出。

（3）显著的节能效益。植物纤维保温墙板在使用过程中展现出高效的节能效益。以 200 mm 厚的植物纤维墙板为例，其保温效果是同等厚度黏土砖墙的4倍，大大降低了取暖成本，为每年的能源消耗和取暖支出节省了大量费用。

2. 应用前景

植物纤维保温材料的产品系列化和地域适应性的特点使其在不同的气候条件下都有良好的应用前景。南方由于气候条件较为温和，全年都可进行生产；而北方虽然气温较低，但干燥的空气条件使 5 ～ 9 月的日产量能够达到南方的3倍，确保了高效的生产能力。

在气候适应性方面，植物纤维保温材料展现了优异的保温、防水和高强度特性，能够满足热带和亚热带地区潮湿多雨气候的需求；同时，也适用于北方地区对保温和抗寒有较高要求的环境。

植物纤维保温材料不仅解决了农村秸秆资源的有效利用问题，还为建筑节能和环境保护贡献了力量，展现了良好的发展前景和应用潜力。随着技术的进步和市场的认知提升，植物纤维保温材料有望在未来建筑材料市场中占据更重要的地位。

第三节 高分子材料

一、高分子材料概述

（一）高分子材料的定义

高分子材料基于大分子化合物，构成了一系列包括橡胶、塑料、纤维、涂料、胶黏剂以及基于高分子的复合材料等的材料类别。这类材料由具有重复单元结构的有机化合物组成，其分子由数百甚至数千个原子通过共价键相连，形成相对分子质量极高的结构。

高分子的分子量范围极广，从几千到几十万乃至超过一百万不等，含有的原子数量通常可达数万个。这些原子通过共价键的形式连接成长链。根据高分子中原子的连接方式可将高分子分为两大类：线型高分子和体型高分子。线型高分子，如聚乙烯，其原子以线状方式连接；而体型高分子则呈现网状结构，这类高分子由于结构通常为三维立体形态，因此也被称为三维网络高分子。

（二）高分子材料的结构

高分子材料的独特性质源自其构成的高分子链，这些链由 1000 到 100000

个重复的结构单元组合而成。这些高分子链的结构以及它们聚集形成的复杂结构决定了高分子材料的特殊属性。除了具备一般低分子化合物的结构特性（例如，同分异构体、空间结构、光学异构等），高分子材料还展现出一系列独特的结构特征。

高分子的结构可细分为链结构和聚集态结构两大类。链结构关注的是单个高分子的构造和形状，并进一步分为近程结构和远程结构。近程结构，即一级结构，涉及化学层面的细节，如链上原子的类型与排列、取代基与端基的种类、结构单元的顺序以及支链的类型和长度等。远程结构，即二级结构，描述了分子的尺寸和形状、链的柔韧性以及分子在特定环境下的空间构型。

（三）高分子材料的分类

高分子材料按原料不同，可分为天然高分子材料、半合成高分子材料（改性天然高分子材料）和合成高分子材料。天然高分子材料包括纤维素、蛋白质、蚕丝、香蕉、淀粉等。合成高分子材料为以高聚物为基础的各种塑料、合成橡胶、合成纤维、涂料以及黏结剂等。

（四）生活中的高分子材料

生活中的高分子材料很多，如蚕丝、棉、麻、毛、玻璃、橡胶、纤维、塑料、高分子胶黏剂、高分子涂料和高分子基复合材料等。

二、工程塑料

（一）工程塑料的优势

1. 轻质高效

与金属材料相比，工程塑料的相对密度通常为 1.0 ~ 2.0，仅为钢铁密度的 1/4 ~ 1/8，大约是铝的一半。这使工程塑料成为替代传统金属材料的理想选择，尤其是在需要减轻结构重量的应用场景中，如航空器、车辆、船舶和运动器材等，通过减轻重量可以有效降低能耗和提高能效。

2. 强度优越

通过加入玻璃纤维、金属纤维、碳纤维或其他高强度非金属纤维等增强材料，工程塑料的拉伸强度得以显著提升，其比强度（强度与密度的比值）通常能达到 1500 ~ 1700，展示出较高的结构效率。

3. 显著耐磨和自润滑

工程塑料作为摩擦零件使用时，即便在干摩擦和液体或边界摩擦条件下也能正常工作。与耐磨金属合金相比，其磨耗量通常低于 1/5。特别是聚甲醛、聚酰胺和聚碳酸酯这类材料，在无油润滑的条件下也能保持正常运作。通过加入固体润滑剂等填料，可以进一步增强工程塑料耐磨性，其中氟塑料的性能尤为突出。

4. 卓越的机械性质

在广泛的温度范围内，工程塑料，尤其是那些经过增强处理的工程塑料，表现出优异的抗冲击性和耐疲劳性，在许多应用中表现优越。

除此之外，工程塑料还具有优良的电绝缘性，良好的化学稳定性，优良的吸震、消声和对异物的埋没性能，较好的制件尺寸稳定性，较高的耐热性和良好的加工性能。

（二）六大工程塑料的应用

1. 聚酰胺

聚酰胺（PA），也常被称为尼龙，因具有独特的物理和化学属性而受到广泛关注。这些特性包括低比重、高抗拉强度、优秀的耐磨性、良好的自润滑能力以及卓越的冲击韧性，使其在柔韧性和刚性之间达到了平衡。尼龙的这些优势，加上其易加工、高效率以及轻质（其比重仅为金属的1/7）的特点，使其能够被加工成各种产品，从而替代传统的金属材料。

据统计，每辆汽车使用了 3.6 ~ 4 公斤的尼龙制品，这凸显了聚酰胺在汽车工业中的重要地位。在所有使用聚酰胺的行业中，汽车工业的消费量最大，紧随其后的是电子和电气行业，这进一步证明了聚酰胺作为一种高分子材料的重要性和多功能性。

2. 聚碳酸酯

聚碳酸酯（PC）以其独特的性能组合而广受欢迎，具备类似有色金属的高强度，同时拥有优异的延展性和韧性。它的冲击强度非常高，以至于即便用铁锤敲击也难以被破坏，能够承受如电视机荧光屏爆炸等极端冲击。除此之外，聚碳酸酯还拥有卓越的透明度，可任意进行着色，这些特性使其成为极具多样性和适用性的材料。

因具有卓越的性能，聚碳酸酯已经被广泛应用于许多领域和产品中。例如，在安全领域，它被用作各种安全灯罩和信号灯的材料；在体育设施中，被用作体育馆和体育场的透明防护板；在建筑行业，作为高层建筑的采光玻璃或替代传统玻璃使用；在汽车行业，应用于汽车反射镜、挡风玻璃板等；在航空领域，用于飞机座舱的玻璃；在个人保护装备中，应用于摩托车驾驶员的安全头盔。

聚碳酸酯的主要消费市场包括计算机和办公设备、汽车、玻璃替代品和片材。此外，CD 和 DVD 光盘的生产也是聚碳酸酯应用中最具潜力的市场之一，这些用途凸显了聚碳酸酯作为一种高分子材料的重要性和多功能性。

3. 聚甲醛

聚甲醛（POM）因具有出众的机械与化学性质而被称为"超钢"，是一种高性能工程塑料。它的机械性能接近金属，具有高强度、高刚性、优良的耐磨性和稳定的尺寸性，同时展现出良好的化学稳定性，能抵抗多种溶剂和化学品的侵蚀。正因为具有这些特性，POM 能够用于那些金属和其他非金属材料无法满足要求的应用场合。

POM 的应用极为广泛，特别是在需要高精度和复杂几何形状的部件中。它主要用于制造精密的小模数齿轮、复杂的仪表精密件，以及其他要求严苛的工业零部件，如自来水龙头、爆气管道阀门等。POM 的出色性能使其在这些应用中大大超越了传统材料。

在我国，POM 还被广泛应用于农业喷灌机械中，代替了大量的铜材料。这一改变不仅降低了成本，也减轻了设备重量，提高了农业机械的效率和耐用性。POM 在现代工业和农业中的广泛应用展示了其作为一种高分子工程材料的巨大潜力和价值。

4. 聚对苯二甲酸丁二醇酯

聚对苯二甲酸丁二醇酯（PBT）是一种优质的热塑性聚酯材料，其优秀的加工性能和电气性能，在非增强型状态下与其他热塑性工程塑料相比，具有明显的优势。PBT 的玻璃化温度较低，意味着其在较低的模具温度（约 50℃）下就能迅速结晶，这大大缩短了加工周期，提高了生产效率。

PBT 在电子、电气以及汽车工业中有广泛的应用。这得益于其卓越的高绝缘性和良好的耐温性，成为多种电气设备和组件的理想选择。此外，PBT 也被用于电子炉灶的底座和各类办公设备壳件等领域。

PBT 的这些应用展示了其作为工程塑料的广泛用途和关键作用，尤其是在需要结合高性能和成本效益的领域。

5. 聚苯醚

聚苯醚（PPO）的应用范围广泛，包括洗衣机的压缩机盖、吸尘器机壳、咖啡器具、头发定型器、按摩器以及微波炉器皿等。这些应用充分展示了 PPO 在家电制造领域中的重要作用，尤其是在那些要求耐热和电气绝缘性的产品中。

此外，改性聚苯醚也在电子行业中有重要应用，例如用于制造电视机内部部件、电信终端设备的连接器等。这些应用利用了 PPO 的优异电气绝缘性和耐热性，满足了电子产品在高性能和安全性方面的严格要求。

综上所述，PPO 树脂的独特属性使其在家电和电子行业中扮演了重要角色，为设计和制造出高性能、耐用和安全的产品提供了可能。

6. 聚甲基丙烯酸甲酯

聚甲基丙烯酸甲酯（PMMA）也常被称为有机玻璃，是一种以卓越光学特性和良好耐气候性能而著称的热塑性塑料。PMMA 白光的透过率高达 92%，是一种理想的透明材料，被广泛应用于各种需要清晰视觉效果的产品中，如窗户、灯罩和光学器件等。

PMMA 低双折射性质特别适用于制造高精度的光盘等存储介质，因为这种特性可以确保光束精准地读取和写入数据，这对于影碟和其他光学存储设备的性能至关重要。

然而，PMMA 在承受长时间负载时会显示出室温蠕变特性，即材料会随时间和负荷的增加而逐渐变形。这种特性可能导致长期应力下的开裂问题，尤其是在承受外力或温度变化时。因此，对于设计要求较为严格的应用需要考虑这一问题。

尽管如此，PMMA 也展现出较好的抗冲击性能，尤其是相比于传统的玻璃材料，它在承受冲击时不易破碎，为许多安全要求高的应用场景提供了更安全的材料选择。PMMA 的这些属性使其成为在建筑、汽车、光学和广告等行业广泛使用的材料。

三、防水材料

18 世纪之前，建筑材料主要依赖天然资源和手工制作，这些传统材料如木材和石料受到自然属性的限制，例如尺寸和强度，这限制了其在广阔水域上建造大跨度桥梁或大空间建筑的能力。同时，缺乏有效的保温隔热和防水材料使建筑的热环境质量较差，而且室内装饰的美观性和舒适性也受到影响。此外，未铺装的道路在雨雪天气下行走困难，自然界的变化对人类生活造成了不便。

目前，环保型聚氨酯防水涂料、丙烯防水涂料和橡胶改性沥青防水涂料等高分子防水建材，以及丙烯酸树脂基的内墙涂料，正逐步取代传统材料，推动建筑行业朝环保性、功能性和高性能方向发展。此外，高分子防水卷材等新型材料以出色的性能和环保特性，正在改变传统建筑防水的方式，减轻建筑负担，延长建筑使用寿命。这些进步证明了高分子科学在推动建筑行业发展中的关键作用。

（一）高分子建筑防水材料

1. 环氧树脂灌浆材料

环氧树脂灌浆材料是一种优异的热固性塑料，它通过与固化剂以及稀释剂、增韧剂等助剂混合，在常温或加热条件下发生交联反应，形成三维网络结构的固体。这一特性赋予了环氧树脂灌浆材料出色的物理和化学性能，使其成为建筑和工业领域中不可或缺的材料之一。然而，环氧树脂灌浆也存在一些局限性，包括较大的黏度使其难以渗透到细小裂缝中；对含水或潮湿裂缝的黏结强度较低；固化时间较长，通常需要几小时。

为了克服这些缺点，研发人员开发了改性环氧树脂灌浆材料，其黏度降低，从而能够灌入微小裂缝（如 0.001 mm 裂缝）。长江科学院研制的 CW 环氧灌浆材料已成功应用于三峡工程处理断层破碎带和泥化夹层，并用在葛洲坝裂缝补强加固工程中，这证明了其在解决复杂工程问题中的有效性。

改性环氧树脂灌浆材料的开发不仅提高了灌浆技术的灵活性和适用范围，还增强了建筑和工程结构的安全性、稳定性，为工程修复和加固提供了高效的解决方案。

2. 甲基丙烯酸甲酯

甲基丙烯酸甲酯（MMA）是一种重要的有机化工原料，属于酯类化合物，以优良的透明性、耐候性和化学稳定性而广泛应用于多个领域。MMA 是聚甲基丙烯酸甲酯（PMMA，俗称亚克力或有机玻璃）的主要原料，通过聚合反应转化为 PMMA，后者是一种优质的透明塑料，具有与玻璃相似的透明度和比玻璃轻、更易加工、耐撞击的特点。更为重要的是，MMA 具有易燃性，这一特点使其无法应用在安全性要求极高的应用环境（如煤矿）中。在煤矿等潜在爆炸性环境中，任何可能引发火灾或爆炸的材料都需要谨慎使用。因此，尽管 MMA 基浆料在某些方面表现出色，但其应用范围受到了限制，特别是在需要考虑安全性的场合。

在选择和使用灌浆材料时，既要考虑其性能优势，也需充分考量可能存在的安全风险和应用局限，以确保工程的安全性和可靠性。

3. 丙烯酰胺

丙烯酰胺基浆料是一种高性能的止水材料，以卓越的渗透性、可调节的固化时间及独特的膨胀性能，在工程建设中的止水和防渗应用中显示出巨大的优势。这种浆料在接触水后能迅速膨胀并填充裂缝和缝隙，形成密实的防水层，从而有效地阻止水的渗透。特别是在隧道、大坝、矿井及地下工程等要求极高防水性能的领域，丙烯酰胺基浆料因长期稳定性和可靠性而成为首选解决方案。

然而，丙烯酰胺基浆料的凝胶体抗压强度较低，这限制了其在需要结构加固领域的应用。此外，丙烯酰胺的易燃性也使其使用场合受到了限制，尤其是在有明火危险的环境中，需要考虑安全风险。

因此，在选择使用丙烯酰胺基浆料时，应充分评估项目的具体需求和安全条件，尽管其在止水和防渗方面具有显著优势，但考虑到其强度较低且安全性不高，有时可能需要探索其他替代方案或结合使用其他材料以满足工程加固的需求。

4. 丙烯酸盐

为了解决丙烯酰胺的毒性问题，研发人员开发了以丙烯酸盐水溶液为基础的 AC-400 灌浆材料作为替代品。AC-400 与丙烯酰胺基材料在性能上相似，拥有低黏度、良好的耐热性和强大的黏着力等特点，同时固化时间的可调范围从数秒到数小时，这使其在工程应用中具有很高的灵活性。AC-400不仅适用于防水堵漏项目，还可以用作土木建筑中的接缝剂和水泥混合剂等。

然而，AC-400固结后无弹性，这限制了它在需要柔性补强场合中的应用。尽管如此，丙烯酸盐灌浆材料已在江西万安水电站、三峡工程挡水大坝坝基等重大防渗工程中得到应用，并取得了显著的成效。这些应用案例证明了丙烯酸盐灌浆材料在解决工程防渗、堵漏中的有效性，同时突显了化学灌浆技术在现代建筑和土木工程中的重要角色。

5. 不饱和聚酯

这种材料展现出优秀的机械性能，包括拉伸、弯曲和压缩强度，在常温下具备合适的黏度，允许其在室温条件下进行固化，而且固化过程不产生小分子，简化了施工过程。其主要缺点在于固化时伴随显著的体积收缩，可能导致聚合体和缝隙面之间出现局部空洞，进而影响整体的平均强度，使其不适合用于结构加固。此外，该材料的耐热性相对较低，易燃烧，热变形温度为50~60℃，即便是耐热性最强的类型，其耐温也不会超过120℃。

（二）高分子防水卷材

高分子防水卷材作为建筑防水领域的一种新兴材料，与改性沥青防水卷材相比，尽管后者在生产和应用技术上已相对成熟，但高分子防水卷材的技术和应用范围仍在不断发展中，其已经不再局限于传统建筑，而更广泛地应用于水利和市政工程等领域，显示出比传统材料更优越的性能。在一些工业发达国家，高分子防水卷材已被广泛用于水库、水池、大型垃圾场、铁路等项目的防水工作，并被视为首选材料之一。

我国的高分子防水卷材产业处于快速发展阶段，所占市场份额持续上升，主要产品包括EPDM、PVC、CPE、氯化聚乙烯-橡胶共混、橡塑共混、再生胶、土工膜等。与其他防水材料相比，我国在合成高分子防水卷材的生产技术和装备上处于较高水平，得益于塑料和橡胶行业通用设备如挤出机、压延机的应用。展望未来，我国高分子防水卷材的发展前景广阔，预计将成为防水材料市场的重要组成部分。

（三）建筑防水涂料

1. 丙烯酸乳液防水涂料

丙烯酸乳液防水涂料作为一种新兴的涂料类型，近年来发展迅速，已经形成了包括外墙防水装饰涂料、屋面防水涂料和厨卫间墙体防水涂料在内的多个系列产品。这些弹性涂料具有良好的防水性能和装饰效果。同时，还有企业研发了丙烯酸溶液和水泥复合型防水涂料，拓宽了产品应用范围。虽然硅橡胶防水涂料的使用量较小，但在特定领域内仍有独特的应用价值。

总之，随着科技的不断进步和环保要求的提升，我国防水涂料市场正在经历快速的变革，环保型和高性能的聚氨酯防水涂料、丙烯酸乳液防水涂料及其相关产品将逐步成为市场的主流产品，为建筑防水提供更多高效、环保的解决方案。

2. 改性沥青防水涂料

改性沥青防水涂料主要有阳离子氯丁乳胶沥青类、SBS 改性沥青类、水乳再生胶沥青类、水性 PVC 煤焦油类，以阳离子氯丁乳胶沥青涂料使用最为普遍。

（四）建筑密封材料

在我国，建筑密封材料的种类繁多，包括 PVC 油膏、沥青油膏及多种弹性密封膏，如聚硫、聚硅氧烷、聚氨酯、氯丁胶、丁基密封腻子和氯磺化聚乙烯等。这些材料在建筑行业中有广泛的应用，从窗户、门缝的密封到各种建筑接缝和裂缝的填补，起到防水、防尘、隔音和保温等作用。

近年来，随着科技的发展和市场需求的变化，聚合物基密封膏的市场增长显著，其中聚硅氧烷密封膏的增长速度最快。聚硅氧烷密封膏以其优良的耐气候性、耐温性、耐老化性和良好的粘接性能，在建筑密封材料中脱颖而出，成为高性能密封解决方案的首选。

聚硅氧烷密封膏的这些特性使其特别适用于需要长期耐候和保持弹性的应用场合，如高层建筑的外墙、玻璃幕墙、门窗框架等部位的密封。除了聚硅氧烷，其他材料如聚氨酯和丁基密封腻子等也因其特定的性能优势在特定领域内发挥重要作用。

随着建筑技术的进步和环保要求的提高，预计未来聚合物基密封材料将继续保持增长势头，尤其是那些环保、耐用和高性能的产品，将会更加受到市场的欢迎和推广。

为促进建筑防水行业的健康发展，国家和政府相关部门应当制定和实施有效的政策措施。随着科技的进步，高分子防水材料因具有轻质、高强度、节能和多功能性等特性，成为单层防水工程中的优选材料。这类材料不仅具备出色的弹性和恢复性，还提供了丰富的颜色选择，有助于环境美化。

随着高分子建筑防水材料种类的增多和成本的降低，以及轻钢结构建筑的广泛应用，防水材料的技术更新变得尤为重要。展望未来，随着新技术的不断涌现和市场需求的持续扩大，高分子建筑防水材料预计将迎来更加广阔的发展空间。

四、常用胶黏剂

（一）合成胶黏剂

1. 酚醛—氯丁橡胶胶黏剂

酚醛—氯丁橡胶胶黏剂是一种由酚醛树脂和氯丁橡胶混合而成的高性能胶黏剂。这种胶黏剂结合了酚醛树脂的高温性能和氯丁橡胶的弹性及耐化学性能，因而具有优异的粘接强度、耐热性、耐油性和耐化学腐蚀性。由于具有这些特性，酚醛—氯丁橡胶胶黏剂广泛应用于汽车、航空、船舶以及化工等行业，用于粘接金属、橡胶、木材、玻璃、陶瓷等多种材料。特别是在需要耐高温和耐油性的环境中，该胶黏剂展现出卓越的应用价值。随着对材料耐久性和稳定性要求的提高，酚醛—氯丁橡胶胶黏剂在工业粘接领域的重要性日益凸显，其开发和应用受到了广泛的关注。

2. 有机硅胶黏剂

有机硅胶黏剂是一类以硅氧键（Si—O）为主链，具有各种有机基团侧链的硅基高分子材料。这种胶黏剂因具有独特的化学结构而拥有出色的耐温性、耐气候性、电绝缘性以及优异的抗化学腐蚀性能。与传统胶黏剂相比，有机硅胶黏剂在极端温度下（-60～200℃，甚至更高）仍能保持良好的粘接性和稳定性，使其成为航空航天、电子电气、建筑、汽车制造及医疗等领域不可或缺的粘接材料。

有机硅胶黏剂的另一大特点是优异的耐候性和抗紫外线能力，即使长期暴露于户外恶劣环境下，也能保持良好的粘接效果和物理性能不变，极大地延长了材料的使用寿命。此外，它的低毒性和生物相容性使其在医疗器械和食品接触材料中的应用越来越广泛。

随着材料科学的不断进步和应用领域的逐步拓展，有机硅胶黏剂的种类和性能正在不断优化和提升，满足更多高端市场和特殊环境的应用需求，展现出广阔的发展前景。

3. 瞬间胶黏剂

瞬间胶黏剂，主要由 α-氰基丙烯酸酯单体配合少量稳定剂和增塑剂等制成，以组分简洁且无须额外配料为特点。这种胶黏剂能在室温常压环境下快速固化，因具有迅速发挥粘接效果而被称为瞬间胶。在使用时，粘接面无须进行特别处理，适应了工业自动化生产线的快速粘接需求。瞬间胶无毒性，适用于广泛的应用场景，不仅可以粘接多种金属和非金属材料，还在医疗领域中被用于黏合。然而，瞬间胶不太适合于大面积或多孔性材料的粘接工作。

4. 厌氧胶

厌氧胶是一种特殊类型的胶黏剂，它在排除空气（特别是在缺氧条件下）

并与金属表面接触时固化，而在有氧环境中保持液态。这种胶黏剂的主要成分通常是厌氧树脂，能够在密闭的金属界面间迅速固化，形成坚固的化学键。厌氧胶的这一特性使其在工业中得到广泛应用，尤其适用于紧固和密封螺栓、螺钉、管道和其他金属配件，防止它们因振动或应力而松动。

5. 聚醋酸乙烯酯

聚醋酸乙烯酯（PVAc）是一种色泽乳白、透明度高的热塑性聚合物，通过醋酸乙烯酯的自由基聚合反应制得。作为一种应用广泛的合成树脂，PVAc以优异的粘接性、良好的膜形成能力和稳定的化学性质而著称，被广泛用于胶黏剂、涂料、纺织品加工和木材加工等领域。

6. 环氧胶黏剂

环氧胶黏剂是一种高性能的热固型胶黏剂，由环氧树脂和固化剂组成，可以在室温下或加热条件下固化。这种胶黏剂以卓越的机械性能、优异的粘接强度、良好的耐化学性和耐环境性而广泛应用于各个领域。环氧胶黏剂能够粘接多种材料，包括金属、塑料、木材、玻璃和陶瓷等，因此被广泛用于航空航天、汽车制造、电子电气、建筑以及日常用品的修补等。

环氧胶黏剂的固化过程不会产生低分子副产品，因此固化后的材料具有极低的收缩率，能够保持粘接界面的稳定性和密封性。此外，环氧胶黏剂可以通过改变固化剂的类型或比例、添加填料或其他改性剂来调整粘接性能、固化速度以及最终固化物的热性能和机械性能，以满足不同应用需求。由于具有这些特性，环氧胶黏剂在高性能粘接和密封领域中占有举足轻重的地位。

尽管室温固化的环氧胶黏剂适合日常的粘接需求，但加热固化的环氧胶黏剂的粘接性能更为出色，特别适用于结构性材料的粘接任务。

7. 丙烯酸酯胶黏剂

第二代丙烯酸酯胶黏剂（SGA）通过在粘接过程中形成化学键，提供了较高的粘接强度，成为结构件粘接的理想选择。尽管这种胶黏剂是双组分系统，使用时无须混合调配，仅需将各组分分别涂抹在待粘接的表面上，黏合几分钟后即可发展出初步的强度，并展现出优异的抗冲击性能。它适用于多种金属和非金属材料之间的粘接，但聚烯烃、氟材料和硅塑料除外。此外，丙烯酸共聚物还能制成压敏胶黏剂，广泛应用于多种基材上，生产出各式胶粘带。

8. 酚醛—丁腈橡胶胶黏剂

由酚醛树脂与丁腈橡胶配合并溶解于特定溶剂中形成的胶黏剂，展现出卓越的韧性、油耐性、水耐性以及抗冲击能力。这种胶黏剂能够在极端的温度范围内（-60 ~ 150℃）保持长期的性能稳定，成为广泛使用的结构粘接材料。它特别适用于钢材、不锈钢、硬质铝及其他金属和非金属材料的粘接。该胶黏剂由于其成分和分子量的多样性，即使在同一类型中也存在不同的品种，能适应不同的应用需求。

（二）壁纸、墙布用胶黏剂

这种胶黏剂主要用于壁纸、墙布的裱糊，它的形态有液状的，也有粉末状的。

1. 聚乙烯醇胶黏剂

聚乙烯醇胶黏剂，通常称为"胶水"，是通过将聚乙烯醇树脂溶解在水中制备得到的。这种胶黏剂通常呈现为白色或淡黄色的絮状体，并散发出轻微的芳香气味。它是一种无毒的粘接材料，使用方便，适合在多种表面如胶合板、水泥砂浆和玻璃等材料上进行涂刷。

2. 聚乙烯醇缩甲醛胶

聚乙烯醇缩甲醛（PVAF）胶是一种以聚乙烯醇为基础，通过缩合反应与甲醛发生交联的热固性胶黏剂。这种胶黏剂结合了聚乙烯醇的优良水溶性和甲醛交联后的高强度特性，从而具备了优异的黏接力、良好的水解稳定性以及较强的耐热性和耐化学性能。

PVAF胶因具有独特的性能被广泛应用于木材加工、纸张加工、纺织品整理以及各类涂层和薄膜的制造。在木材工业中，PVAF胶被用作高强度的木材黏合剂，特别是在制造胶合板、纤维板和刨花板等方面显示出优越的粘接性能。此外，PVAF胶还可用于纸张的抗油处理和提高纺织品的抗皱性能。

PVAF胶的环保性是其另一个重要特点，由于主要原料聚乙烯醇和甲醛在环保处理上相对容易，因此PVAF胶成为一种相对环保的胶黏剂选择。随着环保要求的提高和可持续材料需求的增加，PVAF胶在现代工业中的应用正逐渐扩展，开发出更多符合环保和可持续性要求的新应用领域。

3. 聚醋酸乙烯胶黏剂

聚醋酸乙烯胶黏剂，通常被称作"白乳胶"，是通过醋酸乙烯单体的乳液聚合过程制成的。这种胶黏剂为乳白色且具有酯类芳香的乳状液体。它的使用和配置十分便捷，能够在室温下迅速固化，形成的胶层具有良好的韧性和耐久性，且难以老化。由于其无刺激性气味，其广泛应用于壁纸、墙布粘贴、防水涂层制备以及作为木材的黏合剂，同时能作为水泥砂浆的增强剂使用。

4. 粉末壁纸胶（墙纸专用胶粉）

粉末壁纸胶，作为一种固体粉末状胶黏剂，可轻松溶解于冷水中。在使用之前，需将胶粉与清水按1：17的比例充分混合并搅拌约10分钟，直至形成糊状，方可使用。该胶黏剂具备适宜的黏度，以及无毒、无异味的特性，能有效防潮、防霉，并且干燥后透明无色，不会对墙纸造成污染。此外，它还易于包装和运输，使用方便，适用于各种类型墙面的墙纸和墙布粘贴工作。

（三）塑料地板胶黏剂

塑料地板胶黏剂是一种非结构性的胶黏剂，它具备良好的粘接能力，可以可靠地将塑料地板粘贴于各种基材表面，使用过程中施工简单。该胶黏剂不会对塑料地板造成溶解或溶胀影响，确保了地板粘贴后的表面平整性。此外，它还具有良好的耐热性、耐水性以及长期的储存稳定性。目前市场上常见的塑料地板胶黏剂品种包括聚醋酸乙烯基、合成橡胶基、聚氨酯基和环氧树脂基胶黏剂等。

第三章 石油焦脱硫灰渣在绿色建筑材料中的应用

第一节 石油焦脱硫灰渣的基本性能

一、石油焦脱硫灰渣的产生

石油焦脱硫灰渣是在炼油过程中，特别是在重油加工和石油焦生产过程中产生的一种副产品。石油焦是一种高碳含量的固体物质，主要由石油残渣在高温裂解过程中生成。为了满足环保标准和提高石油焦质量，需要通过脱硫过程去除其中的硫分。在这一过程中，使用的脱硫剂和石油焦中的硫反应，生成含硫的灰渣，即石油焦脱硫灰渣。

石灰石高温分解出的 CaO 与油焦燃烧出的硫反应生成 $CaSO_4$，从而达到石油焦脱硫的目的，这些 $CaSO_4$ 与其他燃烧产物的混合物统称为石油焦脱硫灰渣。高硫焦脱硫主要采用的是石灰粉脱硫技术，脱硫效率可达 90%，其化学反应如下：

$$CaCO_3 \rightarrow CaO + CO_2 \uparrow$$
$$CaO + SO_2 + \frac{1}{2} O_2 \rightarrow CaSO_4$$

石油焦脱硫产物根据粒度分为石油焦脱硫灰和石油焦脱硫渣两类，其中，燃烧过程中通过除尘系统回收的细小颗粒被称为石油焦脱硫灰，而积累在锅炉底部的较大废渣被称作石油焦脱硫渣。石油焦脱硫灰在颗粒特性和大小分布上与常见的粉煤灰类似，具有 800 ~ 1000 kg/m³ 的堆积密度，但由于含有较多未完全燃烧的石油焦细粉，其颜色相对于粉煤灰稍深。石油焦脱硫渣颜色较浅，接近浅黄色，其细度类似砂粒，在加水搅拌过程中会产生大量的水化热。

二、石油焦脱硫灰渣的性质

（一）石油焦脱硫渣的成分分析

1. 矿物组成

以石油炼化厂 2 次循环后生产的石油焦脱硫渣为例，对其进行 X 射线衍射（XRD）分析，结果发现，$CaSO_4$ II（二水硫酸钙，即II型硬石膏）（$2\theta =$ 25.53°、31.46°、32.15°）和 CaO（$2\theta = 38.58°$、53.84°）的衍射峰明显。

2. 化学成分

通过 X 射线荧光光谱分析（XRF）与烧失量试验相结合的方法，对石油焦脱硫渣中的化合物组成进行了明确的定量分析。这种方法能够有效地绕开 XRF 在测量轻元素（如碳）方面的不准确性，通过烧失量试验排除了碳元素的影响，确保了分析结果的准确性。XRD 图谱的辅助分析进一步证实了硫元素主要以 $CaSO_4$ II 的形式存在于焦渣中，而未发现 $CaCO_3$ 的存在，说明焦渣中没有碳元素的参与。

根据 XRF 分析结果重新计算后，得出两个不同石油焦脱硫渣样本中 $CaSO_4$ II 和 CaO 的含量分别为 42.59% 和 52.05%（焦渣1），以及 33.71% 和 59.51%（焦渣2）。这一结果显示出石油焦脱硫渣中硫元素以 $CaSO_4$ II 形式存在的含量在 33% 到 43%，而剩余的钙元素则主要以 CaO 的形式存在，含量在 48% 到 60%。

该分析结果不仅对石油焦脱硫渣中硫和钙的化学状态有了清晰的认识，也为后续的石油焦脱硫渣的处理和利用提供了重要的参考信息。了解渣中主要化合物的比例有助于优化脱硫过程、提高脱硫效率，同时也为石油焦脱硫渣的资源化利用方向提供指导，例如作为建材或土壤改良剂的可能性研究。此外，这一分析方法的成功应用也展示了在处理含有复杂化合物的工业副产品时，采用多种分析手段相结合的重要性和有效性。

（二）石油焦脱硫渣的放热特征

石油焦脱硫渣含有较高的 CaO，这使其易于吸收空气中的水分并转化为 $Ca(OH)_2$。通过将石油焦脱硫渣置于 $20 \pm 2℃$ 的环境中，空气湿度控制在 50% ~ 60%，并敞口放置一周，可以观察到其与水反应的消解速度的变化。

实验中对新产的石油焦脱硫渣、放置一周后的石油焦脱硫渣和生石灰的消解速度进行了比较。新产渣由于 CaO 含量较高，与水接触时反应迅速，快速升温，反应中颗粒破裂，并在短时间内释放热量完成消解，最高温度可达 90 ℃。热量散失后，温度迅速下降，10 分钟后下降速度减缓，并在 15 分钟后温度趋于稳定，大约保持在 60℃。

相较之下，放置一周后的石油焦脱硫渣因表面已与空气中的水反应，形成 $Ca(OH)_2$ 和 $CaCO_3$ 层，这一层阻碍了水分与内部 CaO 的进一步反应，导致放热速度较慢，3 分钟时达到最高温度 50℃，并且温度在 45 ~ 49℃ 时较为缓慢地下降。

而生石灰的消解速度则比石油焦脱硫渣慢，12 分钟时才达到最高温度，但之后温度保持在 60℃ 以上，显示了与石油焦脱硫渣不同的反应特性和热稳定性。

（三）石油焦脱硫灰的成分分析

1. 矿物组成

将石油焦脱硫灰分别在常温，600℃和1000℃的温度下保温15～20分钟后进行 XRD 测试，结果发现，在常温下，石油焦脱硫灰原料中含 $Ca(OH)_2$、CaO、$CaSO_4 \, II$ 和 $CaCO_3$。在 600℃下，$Ca(OH)_2$ 消失，$CaCO_3$、$CaSO_4 \, II$、CaO 的衍射峰明显。当温度到达 1000℃时，石油焦脱硫灰中的 $CaCO_3$ 完全消失，这是因为 $CaCO_3$ 在温度高于 898℃时会分解为 CaO。

2. 化学成分

石油焦脱硫灰的化学成分分析揭示了 CaO、SO_3 和 CO_2 为其主要成分。碳在这里主要以 $CaCO_3$ 和无定形碳的形式存在，其成因分析指出了两个主要因素：一是石灰石的过量添加未能完全分解，二是石油焦的不完全燃烧。

石灰石的过量添加在脱硫过程中不可避免，旨在确保具有充分的脱硫效果，但这也导致了未完全分解的石灰石以粉末形式随气流进入收尘系统，成为灰渣的一部分。同时，石油焦的不完全燃烧留下的无定形碳也成为灰渣的组成之一，这不仅影响了石油焦脱硫灰的化学成分，也影响了其后续处理和利用的难易程度。

通过在 600℃和 1000℃下进行烧失量试验，我们可以进一步分析石油焦脱硫灰中碳含量的变化。600℃时主要观察到的烧失量归因于无定形碳的燃烧，而 1000℃时的更高烧失量则同时反映了无定形碳的进一步消耗和 $CaCO_3$ 的分解过程。XRD 图谱的分析进一步确认了这一过程，为理解石油焦脱硫灰的成分及其在高温下的反应提供了重要信息。

这些分析结果对于石油焦脱硫灰的处理和资源化利用具有重要意义。了解石油焦脱硫灰中碳的存在形态和热稳定性能可指导我们优化灰渣的处理流程，比如在再利用前需要去除无定形碳或者利用高温促进 $CaCO_3$ 的分解，以提高灰渣的质量和应用价值。此外，这些发现还为石油焦燃烧和脱硫过程的优化提供了依据，有助于降低未反应石灰石和无定形碳的生成，从而提高整个工艺的环境友好性和经济效益。

三、石油焦脱硫灰渣的标准稠度用水量和硬化时间

石油焦脱硫渣与石油焦脱硫灰在标准稠度所需的水量和硬化时间存在显著差异，尤其是在硬化时间上。这种差异主要由石油焦脱硫渣中较高的 CaO 和 $CaSO_4$ 含量引起。当与水混合时，这些成分会产生大量的水化热，从而加快硬化过程。另外，石油焦脱硫灰的更细粒度意味着其表面间的水需求增加，而它

主要包含的 $CaCO_3$ 和 $CaSO_4$ 成分使硬化速度较慢，进而影响硬化时间。通过将石油焦脱硫灰与石油焦脱硫渣混合，可以获得更优的粒度分布，这不仅显著降低了与纯石油焦脱硫灰相比所需的水量，而且由石油焦脱硫渣释放的水化热也有助于缩短混合物的硬化时间。

四、石油焦脱硫灰渣的水化机理分析

（一）石油焦脱硫灰渣20℃养护条件下的水化情况

石油焦脱硫灰渣的水化过程对于其在建筑材料领域的应用至关重要，尤其是当考虑到其作为混凝土添加剂或者水泥替代品的潜力时。通过在 20 ℃条件下对石油焦脱硫灰渣进行不同时间的养护，并利用分析观察其化学反应过程，可以获得对其水化特性的深入理解。

实验结果显示，在 3 ~ 24 小时养护时间内，CaO 与水反应生成 $Ca(OH)_2$ 的过程相对迅速，这可以从 $Ca(OH)_2$ 的衍射峰高度变化不大这一结果中得到证实。这表明在石油焦脱硫灰渣中的 CaO 与水接触后能够快速反应生成 $Ca(OH)_2$，这一过程在水化初期就基本完成。

同时，实验还发现在 $2\theta = 11.611°$ 和 $20.758°$ 处存在 $CaSO_4 \cdot 2H_2O$（硫酸钙二水合物）的弱衍射峰，这说明在 20 ℃的条件下，灰渣中的 $CaSO_4$ 可以部分水化形成 $CaSO_4 \cdot 2H_2O$。然而，$CaSO_4$ 的特征峰始终保持较高强度，这表明在整个养护过程中，$CaSO_4$ 转化为其水合物的量相对较小，且水化速度缓慢。

这些发现对于理解石油焦脱硫灰渣的水化行为具有重要意义。首先，快速形成的 $Ca(OH)_2$ 可以为混凝土提供良好的碱性环境，有利于促进混凝土中其他水化反应的进行。其次，$CaSO_4$ 的部分水化能够提供一定的早期强度，但由于其转化速度较慢，可能需要进一步探索促进其水化的方法，以充分利用其潜在的水化产物对混凝土性能的贡献。因此，对石油焦脱硫灰渣的进一步研究应考虑如何优化其在水泥基材料中的应用，特别是如何通过调整配方或添加特定的激发剂来改善其水化特性和最终产品的性能。

为了进一步研究石油焦脱硫灰渣在常温且较长养护时间下的水化情况，制备了石油焦脱硫灰渣的标准稠度净浆，在标准条件下分别养护 3 天、7 天、28 天，达到龄期后进行 XRD 分析。试验结果表明，$CaSO_4$ 的特征峰随养护龄期的增加有变弱的趋势，标准养护图谱中出现明显的 $CaSO_4 \cdot 2H_2O$ 特征峰，这表明在标准养护条件下石油焦脱硫灰渣中的 $CaSO_4$ 部分水化为 $CaSO_4 \cdot 2H_2O$。而且随着养护时间的延长，水化程度越来越充分，养护 3 天后，$CaSO_4 \cdot 2H_2O$ 的量基本达到稳定。

（二）石油焦脱硫灰渣 50 ℃养护条件下的水化情况

实验发现，在 50 ℃养护条件下，石油焦脱硫灰渣中的 CaO 与水反应，短时间内全部生成了 Ca（OH）$_2$；CaSO$_4$ 的特征峰在 3 ~ 24 小时的养护时间内一直很高，且没有发现 CaSO$_4$·2H$_2$O 或 CaSO$_4$·0.5H$_2$O 的特征峰，表明在 50 ℃条件下，CaSO$_4$ 未发生水化反应。

（三）石油焦脱硫灰渣 70 ℃养护条件下的水化情况

将净浆试块养护 3 小时、6 小时、12 小时、24 小时，到达龄期后取样作 XRD 分析，结果表明，在 70 ℃条件下，石油焦脱硫灰渣中的 CaSO$_4$ 也未发生水化反应。

（四）石油焦脱硫灰渣 100℃养护条件下的水化情况

将净浆试块养护 3 小时、6 小时、12 小时、24 小时，到达龄期后取样作 XRD 分析。结果表明，在 100℃养护条件下，CaSO$_4$ 也未发生水化反应。

（五）石油焦脱硫灰渣在蒸压养护条件下的水化情况

在饱和蒸汽压力为 1.0 MPa、恒温温度 170 ~ 180 ℃的条件下进行蒸压养护 4 小时后取样作 XRD 分析。测试结果表明，在饱和蒸汽压力为 1.0 MPa 条件下，CaSO$_4$ 也未发生水化反应。以上分析表明，当温度高于 50 ℃时，CaSO$_4$ 不会发生水化反应，具有较好的稳定性。

第二节　石油焦脱硫灰渣加气混凝土

一、加气混凝土简介

（一）加气混凝土的概念

加气混凝土砌块是一种轻质建筑材料，主要由硅质和钙质原料组成，加入发气剂后通过水搅拌和化学反应形成孔隙结构。这种材料通过一系列工艺过程，如浇注、预养、切割和蒸汽养护，制成多孔的硅酸盐砌块。根据养护过程的不同，加气混凝土砌块分为蒸养和蒸压两种类型，其中蒸压加气混凝土砌块在国内使用最广泛。这些砌块又可以基于其原材料种类进一步细分为七种，包括蒸压的水泥—石灰—砂、水泥—石灰—粉煤灰、水泥—矿渣—砂、水泥—石灰—尾矿、水泥—石灰—沸腾炉渣、水泥—石灰—煤矸石以及石灰—粉煤灰砌块。

蒸压加气混凝土（AAC）作为一种创新的轻质建筑材料，已经在全球范围内得到广泛的认可和应用。它通过加入发泡剂并经过高温蒸压工艺生产，形成具有大量微小气孔的结构，这些独特的物理结构赋予了 AAC 一系列性能优势。

（二）加气混凝土的反应原理

1. 发气过程

铝粉一旦加入加气混凝土的混合料中，便开始与水发生化学反应，这一过程在碱性条件下发生，导致铝粉与水反应生成氢气。铝作为一种反应性较强的金属，不仅可以在酸性条件下与水反应产生氢气，在碱性环境中也能发生相应的反应。在自然条件下，铝表面极易与空气中的氧气反应，形成一层防护性的氧化铝膜，这层薄膜在制作加气混凝土的过程中既是一个挑战又是一个需要考虑的因素。

因此，要想使铝粉与水反应，必须先用碱溶液将表面的氧化铝薄膜溶解，然后铝才与溶液中的水发生以下反应：

$$2Al + 6H_2O = 2Al（OH）_3 + 3H_2 \uparrow$$

在铝粉与水反应生成氢气的过程中，形成的氢氧化铝呈凝胶状，这实际上会妨碍铝和水进一步地接触。然而，在碱性条件下，这种凝胶状的氢氧化铝能够溶解在碱溶液中，转化为偏铝酸盐。这一转化过程使铝与水的反应得以持续进行。因此，碱性环境的作用不仅仅是溶解铝表面的氧化层和生成的氢氧化铝，还可促进铝粉继续与水反应，进一步生成氢气。在加气混凝土的生产过程中，料浆处于碱性状态，铝粉的加入引发的化学反应会释放出氢气，使料浆体积膨胀，形成加气混凝土特有的多孔结构。

2. 料浆稠化过程

加气混凝土的制备和硬化是一个涉及精确化学反应和物理变化的复杂过程，这一过程确保了加气混凝土最终展现出轻质、高强和良好保温隔热性能的特点。从料浆的制备到坯体的硬化，包括以下几个关键阶段：

（1）初始水化阶段。制备的新鲜料浆初期展现出类似理想牛顿流体的流变特性，呈现为粗分散的溶液体系。此时，石灰和水泥发生水化反应，这是硬化过程的启动阶段。水化反应释放出热量，促进了料浆温度的升高，为后续的化学反应提供了必要的条件。

（2）絮凝结构形成阶段。随着时间的推移，料浆中固体颗粒开始相互碰撞并在范德华力作用下黏结，形成絮凝结构，这标志着料浆开始逐步建立起结构框架。这是从流动状态向稠化状态转变的关键过程。

（3）结构强度增加阶段。水化反应继续进行，石灰和水泥的进一步反应导致体系中自由水分逐渐减少，同时水化产物浓度增加，引起胶体聚集和晶体生长。这些变化赋予了坯体初步的结构强度，并使料浆达到初凝或稠化状态。这是结构框架进一步发展和强化的过程。

（4）终凝和硬化阶段。随着水化反应的持续进行，体系固相成分增多，液相成分减少，使结构变得更加致密，并具备了一定的抗外力能力，这表明料浆达到了终凝状态。在终凝后，由于常温下水化作用逐渐减弱，最终形成了稳定的坯体。此时，加气混凝土坯体已具备了进一步加工和使用的基本条件。

整个制备和硬化过程不仅涉及化学反应的精细控制，还包括物理状态的转变和结构框架的建立，展现了加气混凝土作为现代建筑材料的复杂性和高性能。

3. 蒸馏水热合成过程

在加气混凝土坯体的强度提升过程中，蒸压养护起到了至关重要的作用。在这一阶段，坯体置于饱和蒸汽的高压环境中，钙质和硅质材料通过水热合成反应生成了一系列复杂的水化产物，这些化合物的形成和转变是加气混凝土强度提升的关键。

（1）水热合成反应过程。在蒸压养护初期，随着温度的上升，坯体中的 $Ca(OH)_2$ 与活性 SiO_2 反应生成高碱性的水化硅酸钙（C—S—H）。此过程中 SiO_2 的逐渐溶解促进新形成的水化硅酸钙碱度降低，并开始生成半结晶态的 C—S—H（Ⅰ）。同时，三硫型水化硫铝酸钙（又称钙矾石）分解为单硫型水化硫铝酸钙（C_3AH_6）和 $CaSO_4$。

当蒸压釜内温度达到稳定状态时，C—S—H（Ⅰ）、C_3AH_6 以及 $CaSO_4$ 的产量大幅增加。通过水化铝酸钙与 SiO_2 的相互作用还可生成水化石榴石（C_3ASH_6）。随着养护时间延长，在恒温条件下，水化硅酸钙的结晶度不断提升，进而形成托勃莫来石（Tobermorite）等结晶态水化产物。

（2）水化产物的形成与强度提升。加气混凝土坯体的主要水化产物，如 C—S—H（Ⅰ）、托勃莫来石和水化石榴石等，是坯体强度提升的物质基础。这些水化产物的数量和结晶程度直接影响加气混凝土的最终性能，包括强度、耐久性和保温隔热性能。

（3）养护条件对水化产物的影响。养护条件，特别是蒸压温度和时间，对水化产物的形成有显著影响。适宜的蒸压养护条件可以促进高强度水化产物的形成，从而有效提高加气混凝土的性能。因此，在实际生产过程中，精确控制蒸压养护的参数是确保加气混凝土质量的关键。

通过水热合成反应和蒸压养护过程，加气混凝土坯体得以形成稳定且具有高性能的微观结构，这一过程不仅体现了材料科学与工程技术的结合，也为加气混凝土在现代建筑领域的广泛应用奠定了坚实的基础。

二、加气混凝土的原材料

（一）石灰

石灰作为加气混凝土制造过程中的关键钙源，其质量和化学活性对整个生产流程及最终产品的性能有直接影响。石灰的水化反应，即生石灰（CaO）与水（H_2O）反应生成氢氧化钙[$Ca(OH)_2$]的过程，是加气混凝土生产中一个至关重要的步骤。这一过程不仅影响料浆的碱性和热量释放，而且对铝粉的发气反应、料浆的稠化和硬化速度均有重要作用。

1. 消化速度和消化温度

石灰消化速度，即生石灰与水混合达到最高温度所需时间的长短，直接影响加气混凝土料浆的制备效率和质量。理想的消化速度应为 5 ~ 15 分钟，以确保生石灰充分水化，同时避免料浆因反应过快而导致温度过高或反应不均匀。消化温度应控制在 60 ~ 90 ℃，以保证石灰的水化反应在一个合适的温度下进行，既不会因温度过低而反应迟缓，也不会因温度过高而影响料浆的质量和安全。

2. 有效氧化钙

有效氧化钙是石灰中能与水发生反应的活性成分，其含量直接决定了石灰的质量和在加气混凝土生产中的效能。高活性的有效氧化钙能与料浆中的硅酸盐和铝酸盐反应，形成结晶态或胶体态的水化硅酸钙和硅铝酸钙，这些产物是加气混凝土硬化体的主要组成部分，决定了产品的机械强度和耐久性。此外，有效氧化钙的释热特性对于促进铝粉发气反应、加速料浆的稠化和硬化过程至关重要。

3. 技术指标和规定

用于硅酸盐建筑制品的生石灰，其技术指标必须符合相关规定，确保加气混凝土产品质量的稳定性和可靠性。这包括对生石灰的消化速度、消化温度以及有效氧化钙含量的严格控制，以满足加气混凝土生产的特定需求。

总之，石灰在加气混凝土生产中的作用不容忽视。通过优化石灰的质量和使用条件，可以显著提高加气混凝土产品的性能，降低生产成本，从而在建筑材料市场上占据更有利的竞争位置。

（二）石油焦脱硫灰渣

采用的石油焦脱硫灰渣中的有效 CaO 含量为 48% ~ 60%，$CaSO_4\,II$ 的含量为 33% ~ 43%。

（三）水泥

在加气混凝土的生产过程中，选用的水泥类型对最终产品的性能有决定性的影响。硅酸盐水泥，包括硅酸盐水泥和普通硅酸盐水泥，由于其独特的化学成分和水化行为，成为制造加气混凝土的推荐选择。这些水泥中的 C_3S（硅酸三钙和 C_2S（硅酸二钙）通过水化反应生成水化硅酸钙（C—S—H）和氢氧化钙（Ca（OH）$_2$），这两种化学产物是加气混凝土硬化体系的基础。

1. 水化反应的影响

水化硅酸钙的形态变化：随着水化反应的进行，温度会升高，会影响 C—S—H 的形态和结晶度。这对加气混凝土的微观结构和宏观性能，如强度和耐久性，具有直接影响。

C_3A（铝酸三钙）和 C_4AF（铁铝酸四钙）的快速水化反应：硅酸盐水泥中的 C_3A 和 C_4AF 水化反应速度较快，这不仅加快了水泥的水化速度和初期凝结，还对料浆的发气行为和凝结硬化过程有显著影响。

2. 加气混凝土料浆的特性

发气行为：C_3A 和 C_4AF 的快速水化反应产生的热量可以促进铝粉和水的反应，进而影响料浆的发气行为。适当控制这些化学反应对于确保料浆具有良好的发气性能和均匀的气孔分布至关重要。

凝结硬化过程：水泥矿物的水化反应对料浆的凝结时间和硬化过程有重要影响。快速的水化反应可以促进料浆的早期凝结，有助于缩短生产周期，提高生产效率。

最终制品的强度：C—S—H 的形成是加气混凝土强度的主要来源。通过优化水泥中 C_3S 和 C_2S 的水化反应，可以改善加气混凝土的机械强度和耐久性。

因此，在加气混凝土的生产过程中，选择合适的水泥类型并精确控制水化反应条件，是确保制品质量和性能的关键。通过对水泥水化反应的深入理解和科学管理，可以有效提高加气混凝土产品的综合性能，满足更高的建筑要求。

（四）粉煤灰

粉煤灰是制作加气混凝土砌块的关键成分，主要提供所需的硅质材料。用于生产粉煤灰加气混凝土砌块的粉煤灰必须符合特定的质量标准，其作用在于与石灰的有效氧化钙在水热环境下反应形成必要的水化产物，以确保成品具备所需的强度及其他性能指标。在追求高强度的同时，粉煤灰加气混凝土砌块还需满足低干缩等性能要求，这意味着对粉煤灰的细度有特定的要求，并非越细越好。

（五）尾矿砂

砂的矿物组成对于灰砂硅酸盐制品的强度有显著影响，通常选用石英砂或主要含石英的砂料来生产这些制品。这是因为石英含有高反应活性的游离态 SiO_2，能够容易地与活性 CaO 反应形成化合物，从而提升物理和力学性能，相较于其他矿物成分为主的砂料制成的产品，其性能更优异。

砂中的黏土杂质在经过蒸压处理时，能与 Ca（OH）$_2$ 发生反应，生成水化石榴石等水化产物，并提高混合料的塑性及密实度。然而，若黏土含量过高，则会导致制品吸水率增加、湿胀值上升。因此，在生产密实硅酸盐或加气硅酸盐制品时，砂中黏土杂质的含量应控制在 10% 以内，蒙脱石含量不超过 4%，云母含量最好低于 0.5%，碱性化合物含量不应超过 2%，以确保砂料符合生产标准。

三、石油焦脱硫灰渣加气混凝土制备技术研究

（一）试验方法

根据规定的试验方法，沿制品发气方向中心部分按上、中、下顺序锯取一组试块，主要测定加气混凝土的干密度和抗压强度。

1. 干密度测试方法

（1）取按上述方法切割的试块，一组三块，各边尺寸偏差不应超过 ±2 mm，精确到 1 mm，并分别计算出它们的体积 v（三边乘积）；然后分别称量试件质量 m，精确到 1 g。

（2）将试块放入电热鼓风干燥箱内，并放入适量的钠石灰用于吸收箱内的二氧化碳，在（60±5）℃下保温 24 h，然后把温度调到 80 ℃，并在（80±5）℃下保温 24 h，最后在（105±5）℃下烘干至恒量（m_0）。

（3）计算干密度。

2. 抗压强度测试方法

试件的抗压强度应在含水率为 8% ~ 12% 下进行测试，若不满足要求，则在（60±5）℃下烘干试件：

（1）检查外观，不能有明显的缺角、大孔等。

（2）测量试件尺寸，精确到 1 mm，并计算受压面积（A_1）。

（3）将试件放在压力试验机压板的中心位置，试件受压方向应垂直于发气方向。

（4）以（2.0±0.5）kN/s 的速度连续、均匀加载，直到试件破坏，记录荷载值（P_1）。

（5）试验结束后，将全部或者部分试件立即称量，然后放入（105±5）℃下烘干至恒量，计算其含水率，验证是否在 8% ~ 12% 范围内。

（6）计算抗压强度。

（二）石油焦脱硫灰渣取代率对加气混凝土基体抗压强度的影响

在加气混凝土砌块制备过程中，铝粉发气阶段是区别于普通混凝土形成过程的一个关键步骤。加气混凝土的强度不仅取决于水化产物的质量，还受气孔率及气孔分布的影响。这些因素主要由铝粉的添加量、水料比以及发气温度等条件决定，而水化产物的强度则受钙质与硅质材料比例及后续养护条件的影响。

实验首先固定了基础的材料配比，通过不同比例（0%、20%、40%、60%、80%、100%）以石油焦脱硫灰渣替换石灰，同时调整石灰和石油焦脱硫灰渣的总量（26%、24%、22%、20%），并将水泥比例设为10%。

实验结果显示，随着钙质材料Ⅰ（石油焦脱硫灰渣与石灰的混合）的比例增加，基体材料的抗压强度总体呈现上升趋势。随着石油焦脱硫灰渣替换比例的提高，基体的抗压强度略有下降。但当石油焦脱硫灰渣的替换比例在80%以下时，其对基体材料抗压强度的影响较小。当替换比例超过80%时，基体材料的抗压强度显著下降。

（三）石油焦脱硫灰渣—尾矿砂加气混凝土制备技术

1. 水料比及铝粉用量对加气混凝土性能的影响

蒸压加气混凝土的原料密度普遍为 1.8 ～ 3.1 g/cm³，而成品的干密度一般为 500 ～ 700 kg/m³，有时甚至更低。为满足特定的密度要求，加气混凝土需要拥有较高的孔隙率。因此，使用发气剂引入气孔至关重要，这样的引气剂使混凝土内部形成气孔，料浆的体积膨胀率需超过一倍，以便形成轻质且多孔的结构。发气剂的添加量对发气效果、气孔尺寸和成品的干密度有直接影响，需要仔细研究。

随着水料比和铝粉添加量的增加，加气混凝土的干密度趋向降低。在铝粉含量调整至 0.1% ～ 0.12% 时，水料比在 0.65 ～ 0.75，都能成功生产出 B06 级别的加气混凝土。

同时，加气混凝土的抗压强度会随着铝粉添加量的提高而减小。当水料比为 0.65 ～ 0.70 时，加气混凝土的抗压强度相对较高。若将铝粉含量控制在 0.1% ～ 0.12%，并将水料比设置在 0.65 ～ 0.70，可以生产出符合 B06A3.5 级标准的加气混凝土。

2. 石油焦脱硫灰渣用量对加气混凝土抗压强度的影响

石油焦脱硫灰渣具有比石灰更低的有效氧化钙含量，因此，当等量替代石灰使用时，会对加气混凝土的抗压强度产生影响。为确定石油焦脱硫灰渣的最佳适用量，常采取的方法是调整其替代率以及钙质材料Ⅰ的比例，进而改变有效氧化钙含量，并基于抗压强度的变化来确定石油焦脱硫灰渣的最优替代范围。

钙质材料 I 的使用比例设定在 20% ~ 28%，而石油焦脱硫灰渣的替代率设置为 0、60%、80% 和 100%。实验结果显示，在 20% ~ 28% 的钙质材料 I 使用范围内，当替代率为 100% 时，所制备的加气混凝土无法达到 B06 级别的要求。但当替代率低于 80% 时，所得加气混凝土的抗压强度可以达到 B06 级别的标准。此外，随着钙质材料 I 比例的增加，石油焦脱硫灰渣的最佳替代率会升高。在抗压强度几乎不变的情况下，石油焦脱硫灰渣使用量的增加会导致所需石灰量的减少。

（四）石油焦脱硫灰渣—粉煤灰加气混凝土制备技术

1. 实验室研究

基于相关试验研究结果，分别用磨细石油焦脱硫灰渣以 1.4 的超量取代系数分别按照 0、20%、40%、60% 和 80% 取代生石灰制备粉煤灰加气混凝土，水泥用量为 10%、水料比为 0.7。

生产加气混凝土的过程包括以下步骤：

（1）材料处理。首先，使用雷蒙磨对石灰和石油焦脱硫灰渣进行细磨，然后将磨细的物料密封保存。

（2）称重。根据配比准确称重所有原料，包括钙质材料、硅质材料以及铝粉膏等。

（3）蒸养。将完成静置养护的试块脱模后放入蒸压釜进行蒸压养护。蒸压程序包括抽真空 0.5 ~ 1 小时、加热升温 1 小时、恒温保持 10 小时，饱和蒸汽压力维持在 1.0 MPa，最后降温约 2 小时。

（4）成品。蒸压养护完成后取出制品，此时获得的即成品加气混凝土。

研究显示，超量使用石油焦脱硫灰渣替代生石灰可以制备出符合 B06A3.5 级别的加气混凝土。然而，当取代率达到 80% 时，会明显降低成品的抗压强度。因此，在生产粉煤灰加气混凝土时，石油焦脱硫灰渣替代生石灰的比例最好控制在 60% 以内。

2. 工业试验

生产常规加气混凝土涉及九个主要步骤：原料准备、配料称量、混合与搅拌、浇筑、发气与静置、脱模、切割、高压蒸养以及成品出釜。为适应石油焦脱硫灰渣较粗的颗粒，公司对原先的生产线进行了升级，引入了雷蒙磨以优化处理该原料。

在加气混凝土的生产过程中，粉煤灰首先被制成浆料并储存在搅拌罐中，确保每次使用前其扩展度为 19 ~ 21 mm。接着，将粉煤灰浆料、水泥、石灰以及细磨的石油焦脱硫灰渣一同送入计量混合装置。在混合过程中，引入高温蒸汽以升高浆料温度，并加入铝粉膏持续搅拌 30 秒。之后进行浆料浇筑，并利用牵引装置将模具车送入静止室，其中室温维持在约 50 ℃。发气完成后进行脱模，并且因坯体体积较大需要切割以达到预定尺寸。切割完成后，模具车被推送至蒸压釜中进行蒸压，蒸压过程包括升压、恒压和降压三个阶段。蒸压完成后，将制品出釜并进行堆放。

在实验室进行试验时，物料的计量可以非常精确，但在工业生产中，通常将粉煤灰先制备成料浆，因此粉煤灰的实际使用量是通过浆料的固体含量及其扩展度来估算的。工业规模试验的结果与实验室试验结果大体相符。

（五）复合石灰制备加气混凝土工业化制备技术

研究表明，当生石灰与细磨石油焦脱硫灰渣的配比设定为 1：2 时，不仅石油焦脱硫灰渣的使用量较高，而且所得产品性能较优异。为促进细磨石油焦脱硫灰渣在现有加气混凝土生产线的应用，建议预先将石灰与石油焦脱硫灰渣依照一定比例混合并磨细，形成所谓的"复合石灰"，并采用此复合材料以超额替代方式取代原配方中的石灰和石膏。

在加气混凝土的制备中使用复合石灰代替传统的石灰和石膏是一种创新策略，旨在充分利用石油焦脱硫灰渣中的 CaO 和 $CaSO_4$。这种做法不仅基于其替代能力，而且着眼于提升材料性能以及实现经济与环境的双重收益。然而，石油焦脱硫灰渣不能完全取代石灰，原因在于其高 $CaSO_4$ Ⅱ含量可能导致 CaO 不足和石膏含量过高，这需要精确的成分调整以保证最终产品的质量。

在加气混凝土的性能方面，引入石油焦脱硫灰渣作为部分替代材料后，其抗压强度的变化呈现出先增后稳的趋势。出现这一现象的原因主要是随着石油焦脱硫灰渣添加量的增加，料浆中的钙硅比（C/S 比）随之上升。在一定范围内，提高 C/S 比有助于提高加气混凝土的强度，因为适量的 CaO 可以促进更多的水化反应和水化硅酸钙（C—S—H）的形成，这是加气混凝土主要的强度来源之一。然而，当 C/S 比增至过高时，可能会形成过多的高碱水化硅酸钙，其结构相对疏松，从而限制了抗压强度的进一步提升。

因此，在利用石油焦脱硫灰渣替代石灰和石膏生产加气混凝土时，需要精细控制添加比例，以平衡料浆的化学成分和最终产品的性能。通过优化配比和工艺条件，可以最大化地发挥石油焦脱硫灰渣的价值，同时确保加气混凝土具有良好的抗压强度和其他性能，实现废弃物资源化利用，降低生产成本，并减少对环境的影响，促进建材行业的绿色发展。

四、石油焦脱硫灰渣加气混凝土力学性能研究

将出釜的加气混凝土制品分别置于不同的条件下，达到龄期后按照规定对

试块进行切割、烘干，然后测试其抗压强度。

（一）自然状态下加气混凝土力学性能的变化

将不同替代率的加气混凝土产品（尺寸为 200 mm × 250 mm × 600 mm）存放于室内干燥条件下，待达到特定龄期后，根据标准化测试程序进行切割和烘干，以测定试样的抗压强度。研究发现，在常温环境下，加气混凝土制品的抗压强度随存放时间增加而略微提升，初期一个月的平均增长率约为 2.5%，随后抗压强度的增加速率逐渐放缓。

（二）标准养护条件下加气混凝土力学性能的变化

结果表明，在标准养护条件下进行养护的加气混凝土，其抗压强度相较于出厂时显著提升。养护一个月后，抗压强度的平均增长率约为 10%，到了第二个月，增长率降至大约 4%，而在第三、四个月，抗压强度基本趋于稳定。整体而言，经过标准养护的加气混凝土抗压强度的总增幅大约为 15%，可以看出，标准养护显著提升加气混凝土的抗压强度。

（三）长期饱水状态下加气混凝土力学性能的变化

通过长期饱水实验，即将加气混凝土制品（尺寸为 200 mm × 250 mm × 600 mm）完全浸泡于水中一段时间，然后根据标准规定的测试方法进行切割和烘干，以测定试样的抗压强度。实验结果表明，加气混凝土的抗压强度随着饱水时间的增加而显著下降，且下降幅度与替代率有关。

具体来说，标准制品在饱水的前两个月内，抗压强度平均每月下降约8%，而在随后的两个月内平均每月下降约 3.5%。对于复合取代率分别为95、100 和 105% 的制品，前两个月抗压强度平均每月下降约 6%，接下来两个月平均每月下降约 3%。而当取代率达到 110% 和 120% 时，四个月内的抗压强度下降较为均匀，平均每月下降约 2.2%。

五、石油焦脱硫灰渣加气混凝土耐久性能研究

耐久性描述了材料在使用周期内保持初始性能的能力。对于加气混凝土而言，其多孔性是这种材料的一个核心特点，即赋予了其轻质和保温的优良属性。然而，这一特性同时会对其耐久性产生重大影响，影响范围包括耐水性、抗冻性、干燥收缩性及碳化稳定性等方面，与孔隙结构密切相关。孔隙中细微的孔洞数量较多，导致表面自由能增高、吸水性加强，使孔隙对加气混凝土的性能影响呈现复杂多变的特点。

（一）加气混凝土的耐水性能

1. 软化系数

软化系数是评价材料耐水性的一个表观参数，它的值越大，表明材料耐水性越好，其表达式如式：

$$K_R = f_b/f_g$$

式中：K_R——软化系数；

f_b——材料在饱水状态下的抗压强度（MPa）；

f_g——材料在干燥状态下的抗压强度（MPa）。

结合上式可知 K_R 的大小表明材料在浸水饱和后强度降低的程度。该值越小，表明材料浸水饱和后的抗压强度下降越大，即耐水性越差；反之，材料的耐水性越好。

随着替代率提高，产品的软化系数变大，这是因为抗压强度和干密度的提升有助于减轻水分对材料黏结力削弱的影响。

鉴于加气混凝土制品一旦饱和吸水后其抗压强度会有显著下降，从而严重影响其性能，特别是抗压性能，对于易受潮湿影响的加气混凝土墙体，特别是承重墙体，采取适当的防水措施是至关重要的，以确保其在正常条件下的使用性能不受损害。

2. 长期耐水性

在评估加气混凝土长期饱水状态下的耐久性时，耐久性系数是一个关键指标，它通过比较饱水一定时间后制品的抗压强度与其出厂时抗压强度的比值来定义。通过计算不同配比的加气混凝土在经历饱水处理后的耐久性系数，可以有效地评估其长期耐水性能。

当取代率提高时，观察到加气混凝土制品的长期耐水性能有所增强，表现为具有更高的耐久性。这意味着，随着取代率的增加，加气混凝土在长时间饱水条件下能够更好地维持原有的结构强度，从而表现出更佳的耐水性能。

（二）加气混凝土的干燥收缩性能

加气混凝土是经过高压蒸养处理的硅酸盐建筑材料，特征在于其高度分散的多孔人造石结构，这种结构的孔隙率高达85%，孔隙形态主要为封闭或半封闭类型，其间不时穿插着微细裂缝。在其孔隙壁，特别是在较大的孔隙壁上，密布着毛细管，这些毛细管易产生毛细作用力，引发显著的收缩变形。

因此，高抗压强度的制品通常含有较多的硅线石、托贝莫来石和水化石榴石，而 C—S—H 凝胶的比例较低，使其干燥收缩值较低。随着混凝土抗压强度的降低，其弹性模量也相应减少，渗透性增加，导致混凝土更易发生形变。

（三）加气混凝土的抗冻性能

加气混凝土的抗冻性能是指其在冻融循环下能够保持结构完整性和功能性不受损害的能力。这一性能对于冷冻地区的建筑材料来说尤为重要，因为水分在冻结时体积膨胀，可能导致材料内部结构被破坏，进而影响其机械强度和耐久性。加气混凝土因具有独特的微孔结构而具有良好的抗冻性能，但其性能水平受多种因素影响：

1. 材料密度和孔隙结构

加气混凝土的密度较低，内部具有大量闭孔结构，这有助于降低水的吸收率，减轻冻结水对材料结构的损害。其孔隙结构使加气混凝土即使在冻融循环中也能保持较好的完整性，从而展现出良好的抗冻性。

2. 水化程度

加气混凝土的水化程度也影响其抗冻性能。高度水化的加气混凝土表现出更稳定的微观结构和更低的可吸水孔隙率，因此具有更好的抗冻性能。完全水化可以保证加气混凝土内部没有自由水存在，降低了冻融作用对材料的破坏。

3. 添加剂的使用

在加气混凝土的生产过程中添加适量的防冻剂或其他化学添加剂可以改善其抗冻性能。这些添加剂能够降低水的冰点，减少冻融循环中水的体积膨胀，从而降低材料受损的风险。

4. 养护条件

加气混凝土的养护条件，尤其是在早期养护阶段，对其最终的抗冻性能有显著影响。适宜的养护温度和湿度有利于加气混凝土内部水化反应的进行，形成更加均匀且致密的微观结构，从而提高抗冻性能。

综上所述，加气混凝土的抗冻性能受材料密度、孔隙结构、水化程度、添加剂的使用以及养护条件等多种因素的影响。通过优化这些因素，可以显著提高加气混凝土的抗冻性能，使其在冷冻环境中的应用更加可靠和持久。

第三节　石油焦脱硫灰渣蒸压砖

在基于常规蒸压粉煤灰砖的制备过程中，采用建筑废料回收骨料替代自然骨料，并引入石油焦脱硫灰渣，发展了一种新型的再生蒸压砖。本节旨在探究利用石油焦脱硫灰渣制备的蒸压粉煤灰砖的多种影响因素，包括原料选择、配比设计、成型过程中的压力条件、养护过程以及激发剂的应用等。本书在 MU15 标准的框架下进行了一项关于使用石油焦脱硫灰和石油焦脱硫渣来制备再生蒸压砖的研究。该研究成功确定了以建筑废料、粉煤灰、石油焦脱硫灰以及石油焦脱硫渣为基础材料体系的最优配比。基于这些最优配比生产了标准砖，并对其进行了全面的性能测试。此外，对于再生蒸压砖的经济性也进行了评估。此技术不仅促进了自然资源的节约，还实现了对建筑废料的有效利用，保护了环境，完全符合我国的可持续发展战略目标。

一、石油焦脱硫灰渣蒸压砖原材料

（一）粉煤灰

实验采用的粉煤灰源于青岛一家电厂的湿式排放系统，呈深灰色。该粉煤灰的细度达到 96.8%，细度模数为 74.8，粒径小于 1.25 mm，其堆积密度为 640 kg/m³。

（二）石油焦脱硫灰渣

高硫焦在目前主要被用作燃料，但它在燃烧时会释放 SO_2 和 SO_3，会对环境造成污染。为了减少这种污染，采用石灰进行燃烧过程中的脱硫处理，这一过程在锅炉底部生成的残留物被称为石油焦脱硫渣。这种脱硫渣（简称焦渣）的钙含量较高，并且具备较高的活性，表现为米黄色的颗粒，其粒径小于 2 mm。

石油焦脱硫灰，通常称为焦灰，是使用高硫石油焦作为工业燃料时，在除尘系统中收集到的飞灰，含有一定量的钙。本研究通过试验探索了其性质，发现其主要化学成分包括 $CaCO_3$ 和 CaO，同时包含 SiO_2、硫化物、镁、铝等金属氧化物和氢氧化物，以及少量的有机物。

焦灰和焦渣均可以为粉煤灰蒸压砖提供一定的钙质材料。

（三）碎砖骨料

碎砖骨料使用前需经破碎研磨处理成粒径小于 5 mm 的颗粒，细度模数为 2.4 ~ 3.0。

（四）碎混凝土骨料

碎混凝土骨料是废弃的混凝土经破碎后得到的粒径小于 5 mm 的颗粒，细度模数为 2.56。

（五）天然骨料

天然骨料为最大粒径小于 10 mm 的砾石。

二、石油焦脱硫灰渣蒸压砖的基本工艺

蒸压粉煤灰砖是利用粉煤灰、石油焦脱硫渣、石膏和细骨料等原材料，通过配比、搅拌、消化和压制成型，随后经过高压蒸汽处理而成的一种墙体建材。再生蒸压砖的生产主要包括以下步骤：骨料制备、压制成型、静停及蒸养。

（一）骨料制备

蒸压粉煤灰砖作为一种环保型建筑材料，其物理和力学性能的优劣直接影响其在建筑领域的应用范围和寿命。这些性能主要取决于其内部的微观结构，尤其是水化硅酸钙的生成情况，包括其质量和数量。这一生成过程在很大程度上与原材料即钙质和硅质原料的细度及分散性有关。

本次使用的建筑废料主要源于废旧建筑的拆迁废弃物，其中包括废砖瓦、混凝土、废旧砂浆等多种材料。为了处理这些废料，首先将废砖瓦和废砂浆归为同一类别，使用 PEF250×400 型颚式破碎机进行初步破碎，将大块的废砖破碎成直径小于 5 cm 的小块，并产生大量的砖粉。随后，通过筛选过程，收集直径小于 5 mm 的碎砖颗粒，用作碎砖骨料。在处理流程的第二阶段，直径大于 5 mm 的碎砖将被送入 PEF150×250 型颚式破碎机进行进一步破碎，以收集直径小于 5 mm 的碎砖颗粒，这部分碎砖颗粒将被用作碎砖骨料。采用相同的处理方法，废旧混凝土也先后通过 PEF250×400 型和 PEF150×250 型颚式破碎机进行破碎，得到直径小于 5 mm 的建筑垃圾颗粒，这些颗粒将作为碎混凝土骨料使用。

（二）压制成型

合理的级配和均匀的原料混合对于制造蒸压粉煤灰砖至关重要。只有当钙质材料、硅质材料以及水三者之间实现充分接触，才能有效促进水化反应的发生。为了确保原料混合的均匀性，生产过程中应采取轮碾搅拌等技术措施。

（三）静停与蒸养

静置消化过程的主要目标是促进混合料中的 CaO 与水反应转化为熟石灰。采用密封保温方式进行消化时，所需时间为 3～4 小时，而采用自然堆积方

式消化则需要 6 ~ 8 小时。蒸养的目的在于实现砖坯的早期高强度，这主要通过湿热效应加热砖坯并加速化学反应，以此来增强砖坯的整体性能。实验数据显示，蒸养时间在一定范围内延长会显著提升制品的强度。总的来说，为了满足蒸压粉煤灰砖的质量标准，蒸压过程在 1.2 MPa 的最大压力下，持续时间应超过 6 小时。为了确保成品具有良好的外观质量，升温和降温过程的速度都不应过快，同时需要兼顾蒸压效果、蒸压设备的生产效率和能耗等多方面因素。通常采用两种蒸养处理方式：第一种是利用 YZF-2A 型蒸压釜，在 1.0 MPa 的恒定压力下进行 6 小时的蒸压养护；第二种是使用 CF-A 型标准恒温水槽，在 100 ℃ 的恒定温度下进行 10 小时的蒸汽养护。将成型的标准试块静置 24 小时后放入相应设备中，设定好所需的压力和温度，开始计时直至处理完成。

三、石油焦脱硫灰渣蒸压砖的配比

（一）建筑垃圾—粉煤灰—焦灰体系配比

正交试验设计，作为分式析因设计的核心技术之一，因其高效、迅速且经济的特点，在各个研究领域内被广泛采用。它通过显著降低实验的工作量，为科研和工程实践提供了极大的便利。在建筑废料、粉煤灰与焦灰体系的配比设计中，采用了涉及多个因素和水平的正交试验设计方法。

实验数据显示，获得的最高抗压强度为 19.8 MPa，这一结果对应的实验条件包括：激发剂的使用量占比为 0，碎砖占比为 65%，而焦灰占比为 20%。通过分析极差和均值可以确定影响抗压强度的因素按照重要性顺序排列为：焦灰、碎砖、激发剂。此外，得出的最佳各因素水平组合为激发剂使用量占比为 0，碎砖占比为 65%，焦灰占比为 20%。

（二）建筑垃圾—粉煤灰—焦渣体系配比

实验结果表明，在蒸压养护条件下，当建筑废料与焦渣的比例为 55 ：20 且激发剂添加量为 2% 时，抗压强度最高。通过分析极差和均值，确定了影响抗压强度的因素优先级为：养护制度、激发剂、建筑废料 / 焦渣比例。因此，实验得出的最优条件组合为：采用蒸压养护，建筑废料与焦渣的配比为 55 ：20，激发剂的添加比例为 2%。

最终确定的建筑垃圾蒸养粉煤灰砖的最佳配比如下：

（1）建筑垃圾—粉煤灰—焦灰体系：建筑垃圾 65%，粉煤灰 15%，焦灰 20%。

（2）建筑垃圾—粉煤灰—焦渣体系：建筑垃圾 55%，粉煤灰 25%，焦渣 20%。

第四节　石油焦脱硫灰混凝土

石油焦脱硫灰的主要矿物成分包括 CaO、$CaSO_4$ 和 $CaCO_3$，这些成分能向水泥基混凝土提供所需的钙源。高含量的 CaO 在与水混合搅拌时能够产生大量的水化热，从而减少凝结所需的时间。同时，石油焦脱硫灰内部的硫酸盐成分具有延缓凝结的功能，能有效避免早期水化反应过快引起的气孔形成不均匀和分布不规则的问题；石油焦脱硫灰中的 SO_3 成分能促进水泥中的水化产物与灰本身及粉煤灰中的 SiO_2 和 Al_2O_3 发生反应，生成的托贝莫来石作为填充物存在于颗粒间，从而增强了材料的强度。这表明石油焦脱硫灰由于其特定的化学和矿物成分，能够在加气混凝土、砂浆等建筑材料中部分替代石灰和石膏。同时，其胶凝性质也使石油焦脱硫灰有潜力部分替代水泥用于混凝土制备中。因此，深入研究石油焦脱硫灰在混凝土中的应用及其对混凝土性能的影响机制，对促进其在混凝土行业的广泛应用具有重要意义。

一、石油焦脱硫灰混凝土试验方案

（一）试验原材料

1. 水泥

采用 P·O42.5 硅酸盐水泥。

2. 石油焦脱硫灰

燃油电厂的产物通过锅炉燃烧脱硫以后从烟道排出，其中收尘系统得到的为石油焦脱硫灰。

3. 粉煤灰

Ⅱ级粉煤灰。

4. 矿渣

S95 级矿渣。

5. 骨料

细骨料（砂）：符合标准要求的河砂，细度模数为 2.4。

粗骨料（石子）：符合标准要求的天然碎石，5～25 mm 连续级配的花岗岩碎石。

6. 外加剂

聚羧酸高效减水剂。

7. 水

普通自来水。

（二）试验方案

（1）单掺原状焦灰时，分别取代 0%、5%、10%、15%、20% 的水泥用量，研究其对混凝土工作性能、力学性能、耐久性能的影响。

（2）复掺原状焦灰和矿渣或者粉煤灰时，焦灰分别取代 0%、5%、10%、15%、20% 的水泥用量，矿物掺合料用量占总胶凝材料用量的 50%，研究其对混凝土工作性能、力学性能、耐久性能的影响。

（3）将（1）和（2）中的原状焦灰换成预消解焦灰，研究其对混凝土工作性能、力学性能、耐久性能的影响。

二、石油焦脱硫灰对混凝土工作性能的影响

在确保混凝土坍落度维持在 160 ~ 200 mm 的条件下，当仅添加未处理焦灰时，随着焦灰掺入量的提升，混凝土所需用水量增加，这主要是由于焦灰中丰富的氧化钙，在水中反应生成 Ca（OH）$_2$ 所致。而在同时添加矿渣和焦灰的情况下，混凝土的用水量基本保持稳定，原因在于矿渣具备一定的减水作用，能够与焦灰水化过程中的需水量相互抵消。在粉煤灰与焦灰复合添加的场景下，由于使用的粉煤灰为Ⅱ级灰，其需水率为 0.9，这并不利于减少混凝土的用水量。

三、石油焦脱硫灰对混凝土力学性能的影响

该系列实验探讨了不同掺量的石油焦脱硫灰对混凝土力学性能的影响，具体测试了混凝土在 3 天、7 天、14 天及 28 天时的抗压强度。为了得到标准化的抗压强度数据，将测定的抗压强度值乘以 0.95 的换算系数进行调整。

（一）不同状态焦灰对混凝土力学性能的影响

原状焦灰和预消解焦灰对混凝土力学性能的影响呈现了相似的变化趋势。在固定胶凝材料总量和焦灰掺量的情况下，当焦灰掺量不超过 15% 时，与 S95 矿渣或粉煤灰复合使用的混凝土抗压强度普遍低于仅添加焦灰的混凝土。在焦灰掺量超过 15% 后，焦灰与 S95 矿渣复合使用的混凝土在抗压强度上表现

最佳，而焦灰与粉煤灰复合使用的抗压强度则相对最低。这一现象主要是因为粉煤灰在早期的水化反应较慢，导致混凝土抗压强度降低，而矿渣的加入相对能够更有效地提升焦灰混凝土的抗压强度。在固定的胶凝材料总量条件下，随着焦灰掺量的提升，混凝土的抗压强度会呈现先上升后下降的趋势，且在焦灰掺量为 15% 时，各种矿物掺合物体系的混凝土抗压强度均达到最优值。

（二）单掺焦灰对混凝土力学性能的影响

当焦灰掺量固定时，混凝土的抗压强度与胶凝材料的总用量呈正相关，即随着胶凝材料用量的增加，焦灰混凝土的抗压强度相应增大。随着胶凝材料用量的提升，含有 15% 焦灰的混凝土展现出最优性能。但当焦灰掺量为 15% 时，随着胶凝材料用量的继续增加，抗压强度的增长速度开始放缓，并表现出趋于稳定的变化态势。

（三）复掺焦灰和矿渣对混凝土力学性能的影响

对于同时添加原状焦灰和矿渣以及预处理焦灰和矿渣的混凝土，其抗压强度的变化趋势显示出一致性。在胶凝材料总量固定的情况下，矿渣和焦灰的复合掺加与混凝土抗压强度之间呈现出线性的关系。具体来说，当焦灰掺量不超过 15% 时，混凝土的抗压强度随着焦灰掺量的提升而逐步增加，呈现出与焦灰掺量成正比的关系；然而，一旦焦灰掺量超过 15%，混凝土的抗压强度随焦灰掺量的继续增加而急剧降低。因此，焦灰掺量达到 15% 时是混凝土抗压强度曲线的关键转折点，在这一掺量下，28 天的抗压强度达到最大值；掺量超过 15% 则会导致混凝土抗压强度下降。出现这种现象的主要原因是随着焦灰掺量的增加，混合物中的钙硅比上升，容易导致生成抗压强度较低的水化硅酸钙，进而影响混凝土的抗压强度。另外，当焦灰掺量固定时，胶凝材料的总用量越多，同样掺量的焦灰混凝土的抗压强度越大。

（四）复掺焦灰和粉煤灰对混凝土力学性能的影响

在复合使用原状焦灰和粉煤灰的情况下，其对混凝土抗压强度的提升效果不及矿渣复掺体系显著。焦灰的掺量若不超过 5%，混凝土的抗压强度会随焦灰比例的增加而减少，这主要是由于粉煤灰的较高掺量对混凝土抗压强度的增强作用不佳，表现明显低于复掺矿渣的体系；而焦灰掺量在 5% ~ 15% 时，混凝土的抗压强度随焦灰比例的增加而提高，尤其是在焦灰掺量达到 15% 时，抗压强度达到峰值。这是因为随着粉煤灰比例的降低和焦灰比例的增加，水化硅酸钙的含量增多。适量添加焦灰初期可以促进水化产物的形成，填补孔隙，并通过"补钙"作用有效提升混凝土的抗压强度；但是，在焦灰掺量超过 15%

后，混凝土的抗压强度则随着焦灰比例的进一步增加而下降。

四、石油焦脱硫灰对混凝土耐久性能的影响

（一）石油焦脱硫灰对混凝土碳化性能的影响

1. 单掺原状焦灰与预消解焦灰对混凝土碳化性能的影响

不论是单独使用焦灰还是单独使用预处理焦灰，它们在混凝土中的碳化深度表现出相似的变化模式：当焦灰的掺入量为5%时，碳化深度相对较深；而掺入量达到15%时，碳化深度达到最低。同时，预处理焦灰混凝土的碳化深度小于未经处理的焦灰混凝土。出现这一现象的原因是，未经处理的焦灰中含有较多的CaO，在混凝土的搅拌过程中会释放大量热能，导致混凝土体积膨胀，从而减弱了其抵抗碳化的能力。相反，预处理后的焦灰中的CaO已经转化为Ca（OH）$_2$和部分CaCO$_3$，在搅拌过程中几乎不产生热量，对混凝土体积的影响较小，从而增强了混凝土的抗碳化能力。因此，与原状焦灰相比，使用预处理焦灰可以更有效地提升混凝土的抗碳化性能。

2. 预消解焦灰与其他材料复掺对混凝土碳化性能的影响

预处理焦灰混凝土和未处理焦灰混凝土在碳化深度上展现出相似的变化趋势。当胶凝材料的总量固定时，单独使用焦灰以及与矿粉复掺的混凝土在碳化深度上差异不明显，而与粉煤灰复掺的混凝土碳化深度则显著高于前两者，表现出最低的抗碳化性能。此外，在考虑不同的胶凝材料总量时，含粉煤灰的混凝土组合在焦灰掺量为15%时碳化深度最低，此时的抗碳化性能最优异。

（二）石油焦脱硫灰对混凝土抗渗性能的影响

1. 原状焦灰和预消解焦灰对混凝土抗氯离子渗透性能的影响

对于原状焦灰混凝土和经过预处理的焦灰混凝土而言，不同掺和方式下的混凝土渗透性表现出相似的变化趋势。当焦灰的添加量不超过15%时，混凝土中氯离子的渗透系数随着焦灰添加量的增加而逐步降低，且在焦灰添加量达到15%时降至最低点；然而，一旦焦灰添加量超过15%，混凝土的渗透系数随着焦灰添加量的进一步增加而增大。

随着胶凝材料总量的提升，混凝土中水泥的比例增加，促进了混凝土孔隙结构的优化和密实度的提高，进而导致孔隙率降低。因此，不同掺和方式下，混凝土对氯离子的抗渗透性能差异逐渐缩小，而当胶凝材料总量达到470 kg/m³时，这种现象尤为突出。

2. 不同状态焦灰对混凝土抗氯离子渗透性能的影响

当混凝土的胶凝材料用量分别设定为 390 kg/m³ 和 470 kg/m³ 时，相同胶凝材料用量下，使用预处理焦灰的混凝土相比于直接使用原状焦灰的混凝土展现出更优的抗氯离子渗透性，两者在氯离子扩散性能上具有相似的规律。此外，在各种不同的胶凝材料组合中，混凝土的渗透系数均在焦灰掺量达到 15% 时降至最低。

第四章 其他固体废弃物在绿色建材中的应用

第一节 绿色高贝利特硫铝酸盐水泥

高贝利特硫铝酸盐水泥融合了高贝利特水泥和硫铝酸盐水泥的优点，表现出卓越的无机胶凝材料性能。它具备早期高强度和后期良好的强度增长特性，主要矿物成分有无水硫铝酸钙（C_4A_3S）和硅酸二钙（C_2S），生产过程中能耗低，二氧化碳排放量小，具有广阔的应用潜力。

一、原材料

在高贝利特硫铝酸盐水泥的生产过程中，通过引入包括石油焦脱硫灰渣、粉煤灰、电石渣和铝矾土在内的多种工业固体废弃物，实现了对传统原料的替代与优化，这不仅有助于资源的循环利用，还显著降低了生产过程中对环境的影响。这种创新生产方法在减少环境污染和促进绿色制造方面具有重要意义。

二、水泥矿物组成设计

在进行生料矿物组成设计时，首先将熟料中 $CaSO_4$ 含量分别设定为 10%、15%、20%，并假定高温反应过程按下式进行：
$$4CaO + Al_2O_3 + Fe_2O_3 \rightarrow C_4AF$$
$$3CaO + 3Al_2O_3 + CaSO_4 \rightarrow C_4A_3S$$
$$2CaO + SiO_2 \rightarrow C_2S$$
然后在每个 $CaSO_4$ 含量基础上设计不同含量 C_4AF、C_4A_3S 和 C_2S，形成不同矿物组成配比，控制熟料碱度系数，确定各原材料最终用量。

三、高贝利特硫铝酸盐水泥的制备

各原料在 SM500×500 型水泥磨中粉磨至 200 目以下，根据生料配比混合均匀后放入特制成型模具中压制成 φ15 mm × 13 mm 圆柱体试块。煅烧方式遵循以下原则：

（1）置于已恒温至（105 ± 5）℃的干燥箱内烘干 1 小时。

（2）放入已恒温至 950 ℃的 SX-8-16 型高温炉内预烧 30 分钟。

（3）快速移入已恒温至设定温度的高温炉内燃烧设定时长。

（4）取出吹风快冷或在（26 ± 2）℃室温下自然冷却，冷却后将熟料粉磨至 200 目方孔筛筛余小于 5%。

C_4A_3S 开始在 1050 ℃时少量生成，并在温度升至 1150 ~ 1225 ℃时逐渐大量形成，这一过程中还会出现硫硅酸钙这一中间产物；当温度提升至 1250 ~ 1300 ℃，β-C_2S 开始逐渐生成，此时的主要烧成产物为 C_4A_3S、β-C_2S 及 CS。随着温度的进一步上升，C_4A_3S 和 β-C_2S 的衍射峰强度呈增加趋势，而 CS 的衍射峰强度则减小，这表明温度升高有利于高温反应的进行。当温度达到 1325 ℃时，烧成产物的组成与 1300 ℃时类似，但各矿物相的衍射峰强度开始减弱，表明该温度可能导致矿物相的部分分解。当温度超过 1350 ℃后，矿物相的衍射峰强度进一步减弱，CS 的衍射峰甚至不再观察到，表明该温度区间已经超过了矿物相稳定存在的范围。因此，高贝利特硫铝酸盐水泥熟料的理想煅烧温度为 1225 ~ 1325 ℃，其中 1300 ℃被认为是最佳煅烧温度。

当保温时间设定在 30 分钟以下时，烧成的主要产物为 C_4A_3S、β-C_2S 和 CS。此时，随着保温时间增加，C_4A_3S 和 β-C_2S 的衍射峰强度逐步增加，而 CS 的衍射峰强度则减弱，这表明适度增加保温时间有利于水泥熟料中主要矿物相的形成。然而，当保温时间超过 30 分钟时，烧成产物主要包含 C_4A_3S 和 β-C_2S，此时 C_4A_3S 和 β-C_2S 的衍射峰强度随保温时间增加而趋于减弱，CS 的衍射峰不再出现，这说明过长的保温时间可能导致熟料中矿物相开始分解，对水泥熟料矿物相的稳定形成不利。因此，推荐的水泥熟料保温时间应控制为 15 ~ 30 分钟，其中 30 分钟为最佳保温时间。

四、高贝利特硫铝酸盐水泥的性能

为了研究利用多种工业废料共同制备的高贝利特硫铝酸盐水泥的物理和力学特性，在 1300 ℃温度下煅烧 30 分钟并通过吹风快速冷却的条件下，对所得各种比例的水泥熟料进行一系列性能测试。这些测试包括水泥的标准稠度所需用水量、凝结时间、稳定性以及强度测定，其中水泥的标准稠度用水量和凝结时间的测定遵循了相关标准规定。

在不同配比的实验中，所制备水泥的标准稠度用水量为 36% ~ 40%，而初凝和终凝时间分别落在了 17 ~ 25 分钟及 23 ~ 40 分钟的区间内，显示出较快的凝结和硬化速度，这使其非常适用于紧急修补和抢险等施工场合。进一步分析发现，在保持 CS 成分比例不变的前提下，C_4A_3S 成分比例的降低导致水泥的标准稠度用水量降低和凝结时间延长，这一现象在 CS 含量为 10%、15%、20% 的情况下均显著，这说明在这种水泥中，早期水化反应主要由 C_4A_3S 矿物驱动，其比例在很大程度上决定了水泥的标准稠度用水量和凝结时间；而在 C_4A_3S 比例固定的情况下，随着 CS 比例的提高，表现出标准稠度用水量降低和凝结时间减短的趋势，这表明在 CS 含量为 10% ~ 20%，其比例的提升促进了 C_4A_3S 矿物的水化反应，对早期强度增长有积极影响。

在这种高贝利特硫铝酸盐水泥中，早期强度的增长速度非常快，3 天时的强度已经可以达到 28 天强度的 70% ~ 80%，而到了 7 天时，强度的增加相比于 3 天时的幅度较小，这暗示了 7 天时水泥的早期水化反应已基本完成。通过比较不同配比下的水泥熟料的强度值可以观察到，随着 C_2S 成分比例的增加，28 天强度的变化趋势与早期强度的变化趋势大致相同，显示出在不同配比之间，后期强度的差异开始减小。

五、高贝利特硫铝酸盐水泥的水化产物

水化产物与水泥强度的发展息息相关，在不同的水化龄期，水化产物也不尽相同。

在高贝利特硫铝酸盐水泥中，其水化反应主要产物是钙矾石 AFt 相，特别是在水泥达到 7 天龄期时，水化过程主要由 C_4A_3S 的水化反应主导，这一阶段 CS 的消耗也较为显著。随后，在水化过程的后期，C_2S 开始参与水化反应，其反应产物的生成与水泥强度随龄期增长的规律相一致。

在这种水泥中，早期水化主要形成细小针状的钙矾石 AFt 相，而随着水化进程的深入，这些细小针状的 AFt 相渐渐转变为较粗的针棒状结构，并与水化后期生成的絮状 C—S—H 凝胶相互缠绕，这两种水化产物的共存显著增强了水泥的强度。

总体来看，通过一次烧成过程，采用多种工业固废制备含有 $CaSO_4$ 的高贝利特硫铝酸盐水泥的方法是实际可行的，这种做法的推广将会为经济、环境和社会带来显著的综合效益。

第二节　泡沫混凝土

一、泡沫混凝土的制备和性能

泡沫混凝土是一种通过机械将泡沫剂溶液制备成泡沫，随后将其混入由硅质和钙质材料、水及各种添加剂组成的混合浆料中制成的新型材料。作为一种综合了废物回收、环保、节能及低成本等优点的新兴建筑节能材料，泡沫混凝土被广泛应用于节能建筑领域。在中国，泡沫混凝土主要用于屋顶的保温层现场浇筑、制作泡沫混凝土砌块和轻质墙板，以及作为补偿地基使用的场合。

（一）泡沫混凝土的制备

1. 发泡技术

泡沫混凝土的制作主要采用两种方法：物理发泡和化学发泡。物理发泡技术由于能够精确地控制泡沫生成，产出的泡沫具有高稳定性并且操作简单，因此成为更受欢迎的选择。与之相比，化学发泡虽然也可以制造泡沫，但在控制泡沫数量上比较困难，同时产生的泡沫易破裂，这些局限性减少了它在实际施工使用中的普及度。因此，在生产泡沫混凝土的过程中，物理发泡技术受到偏好并被广泛实施。

（1）物理发泡法。在物理发泡法中，首先需要将发泡剂和水依照一定比例混合，以制备出发泡剂溶液。接着，这个溶液会被引入发泡机中，通过发泡机的空气压缩功能或是将溶液注入一个高速旋转的搅拌设备中，从而生成泡沫。在这些技术中，空气压缩发泡机的使用最普遍。操作过程包括将发泡机的吸入管和通气管插入发泡剂溶液中，通过吸入管吸取溶液到发泡机内部，在空气的压力下产生泡沫。产生的泡沫随后通过排出管释放，或直接混合入正在搅拌的水泥糊中。这种方法由于能够支持连续的施工过程，特别适合于现场操作。

（2）化学发泡法。化学发泡法通过向水泥、细骨料、添加剂和水构成的混合物中加入两种或多种化学物质来实施。这些化学物质在混合过程中发生反应，持续生成泡沫。鉴于在大型施工现场控制这一过程比较复杂，该方法更适合于在工厂中生产预制的泡沫混凝土构件。

2. 生产制备工艺

目前泡沫混凝土的生产主要使用两种方法：预制泡混合法和混合搅拌法。预制泡混合法的步骤是先单独制备泡沫，然后将这些泡沫与已经混合好的浆料结合。具体来说，先在砂浆机中干混适量的胶结材料和细骨料，确保其均匀混合，随后加入水和添加剂进行进一步搅拌。同时，将稀释好的发泡剂溶液用发泡机处理成泡沫，并按照预定比例混入正在搅拌的浆料中，直到泡沫均匀分布。搅拌均匀后，倒入模具中进行浇筑，浇筑完成后进行模具拆除和养护，最后进行性能测试。混合搅拌法，特别是在使用化学发泡剂时使用，先准备含有发泡剂的浆料，浇筑后让其静置产生泡沫。预制泡混合法由于具有广泛的适用性和操作简便性而更为常用。

（二）泡沫混凝土的性能

1. 原材料

水泥：高贝利特硫铝酸盐水泥，强度等级 42.5，抗裂双快水泥 BS-CFR。

粉煤灰：Ⅰ级粉煤灰。

泡沫剂：高分子复合发泡剂。

减水剂：萘系减水剂。

水：普通自来水。

2. 泡沫性能测定

为了探究不同发泡剂稀释比例对泡沫稳定性的影响，并确定制作泡沫混凝土的最佳稀释比例，实验分别使用了 1：15、1：20、1：30、1：40 这四种比例对发泡剂进行了稀释，并使用泡沫混凝土性能测试仪评估了泡沫的一小时沉降率、一小时的泌水量、泡沫的倍数和密度，以此作为衡量泡沫性能的标准。实验结果表明，在 1：15、1：20、1：30 的稀释比下，得到的泡沫均符合性能要求。但是，当稀释比提升至 1：40 时，泡沫的泌水量和沉降量均超过了标准的限制。随着稀释比的增加，泡沫在一小时内的泌水量和沉降距离都呈现出增加的趋势，尤其是在 1：15 的稀释比下，这两个指标达到了最优值，分别为 47.3 mL 和 4.7 mm。出现这种现象的原因主要在于稀释比的减少导致溶液中水分比例上升，这使泡沫膜中水含量增加，进而影响了泡沫膜的机械强度和抗压能力，使泡沫更容易破裂，从而增加了泌水量。随着稀释比的下降，发泡倍数减少而泡沫密度升高。具体来说，在稀释比为 1：15 的条件下，发泡倍数达到了最高值为 32.1 倍，而泡沫密度则是最低的，仅为 31.2 kg/m³。反之，在稀释比达到 1：40 时，记录到的发泡倍数最低，为 23.7 倍，而泡沫密度则最高，达到 42.1 kg/m³。这种变化是因为较低的稀释比会使泡沫液的浓度降低，从而增加表面张力，同时泡沫液膜的水分含量增高，这导致了发泡倍数下降和泡沫密度上升。

3. 泡沫混凝土性能测定

添加粉煤灰对泡沫混凝土的干密度影响较小。当增加粉煤灰的比例时，泡沫混凝土的抗压强度先增加后减弱，这说明适当比例的粉煤灰能有效改善混凝土浆体的流动性，并提高其抗压强度。然而，粉煤灰的过量添加会妨碍水化反应，对强度增加不利。随着粉煤灰添加量的提高，泡沫混凝土的热导率逐渐降低。这是因为粉煤灰的热导率本就低于水泥，添加粉煤灰有助于降低混凝土的整体热导率。

水胶比对泡沫混凝土的干密度产生了重要影响，特别是当水胶比设定为0.45时，混凝土表现出了最佳性能。这是因为在该比例下，泡沫与水泥浆的相容性达到最优，既避免了由于水分不足引起的泡沫破裂问题，又防止了过多的水分导致的泡沫异常膨胀和破裂。在这个水胶比下，泡沫的消失率最低，从而得到了体积更大、密度更低的混凝土，增加了孔隙率，相应地降低了抗压强度和热导率。这一现象清楚地展示了水胶比如何影响泡沫混凝土的性能特性。

当泡沫的添加量提升时，泡沫混凝土的干密度、抗压强度和导热系数会逐步降低。出现这一现象的原因是增加的泡沫提升了混凝土的总体积并增加了孔隙率，导致性能指标降低。

基于正交试验结果的综合分析，最佳泡沫混凝土配比确定为：粉煤灰含量为15%，水胶比为0.45，泡沫添加量为16%。采用这一配比生产的泡沫混凝土，在干密度、抗压强度和导热系数方面表现出色，分别达到305 kg/m³、0.45MPa和0.0774W/（m·K），这些指标完全符合保温墙体材料的性能需求。

二、泡沫混凝土的吸水率

泡沫混凝土，作为建筑行业广泛采用的一种优秀无机保温材料，因具有出色的隔热、吸音、防火和抗震性能而受到青睐。但是，其含有大量大孔隙，这使泡沫混凝土具有较高的吸水性。这一特征对泡沫混凝土的性能，尤其是耐久性产生了明显影响——高吸水率可能导致严重的冻融损伤和较弱的防水性能，从而使氯离子、硫酸根离子等有害离子容易通过水渗透进入混凝土内部。因此，探索如何在保持混凝土内部环境稳定的同时降低其吸水率成为研究重点。

目前，降低泡沫混凝土吸水率的策略主要有以下两种：

第一，通过在泡沫混凝土浆料中加入防水剂，或者在其表面施加防水涂层，来降低吸水率。

第二，在泡沫混凝土的生产过程中添加减水剂，以降低水灰比，从而使混凝土结构更加致密，并提升其防水性能。

这些方法为提高泡沫混凝土的耐久性和防水能力提供了有效的途径。

（一）内掺防水材料降低吸水率

内掺防水剂于泡沫混凝土的做法，相较于只在表面施加防水处理，更能有效地增强材料的耐久性。这得益于防水剂在混凝土内部发挥作用，较少受到外部环境因素，如紫外线和高温的影响。然而，挑选恰当的防水剂非常关键，尤其需要注意防水剂与泡沫剂之间的相容性。不恰当的防水剂可能会与混凝土浆料发生不良反应，导致泡沫消散，进而影响材料的孔隙结构和整体性能。例如，硅烷类防水剂，由于大部分泡沫剂属于表面活性剂，掺入硅烷可能会使泡沫混凝土中的泡沫迅速破灭。

（二）外涂防水材料降低吸水率

外部涂抹防水材料是指在泡沫混凝土表面施用防水材料，创建一层防水膜来阻断内外部水分交换，从而增强泡沫混凝土的防水能力、降低吸水率并提升耐久性。这一做法的优点是操作方便，可在泡沫混凝土硬化后实施，非常适合现场操作，且使用的材料较少，有助于减少施工成本。例如，通过向泡沫混凝土表面喷涂高渗透防水剂 FSJ 或涂抹乳液型有机硅和甲基硅酸盐，可以有效降低其吸水率。尤其是使用硅烷乳液进行的表面处理，由于其能够深入泡沫混凝土的孔隙中，因而能够达到更优秀的防水效果。

虽然表面防水处理可以有效降低泡沫混凝土的吸水性，但这种方法并不能从根本上解决泡沫混凝土的防水难题。一旦防水层因为老化或受损而变得无效，泡沫混凝土的防水性能便会随之下降。因此，尽管此方法可以暂时提升防水效果，但未能从本质上增强泡沫混凝土的防水特性。

（三）添加高效减水剂降低吸水率

在泡沫混凝土的生产过程中通常会采用较高的水灰比以保证料浆具有良好的流动性，从而便于发泡。但是，高水灰比会导致混凝土内部水分含量增加，这会使孔隙内水分升高，不但会提升泡沫混凝土的导热系数，降低其隔热性能，也会对其强度和耐久性产生不利影响。引入减水剂可以在保持料浆流动性的同时降低水灰比。减水剂作用于水的表面张力，打散水泥颗粒的凝聚结构，使其分散，达到降低水灰比的效果。这种做法不仅有利于水泥的充分水化，增强混凝土结构强度，还能降低混凝土内部水分含量和提高其密度，从而增强泡沫混凝土的防水性能。

减水剂根据减水效率被分为普通和高效两大类，而基于化学成分，高效减水剂可以进一步划分为木质素磺酸盐、萘系、三聚氰胺系、脂肪酸系和聚羧酸盐系等高效减水剂。这类添加剂不仅有助于降低泡沫混凝土的吸水性，还能够稳定泡沫，是提高泡沫混凝土性能的关键成分。然而，由于泡沫混凝土的配方和组成差异，不同类型的减水剂在各种泡沫混凝土体系中的效果可能会有所区别。因此，挑选最合适的减水剂对于优化泡沫混凝土的性能极为关键，这需要根据混凝土的具体组成做出精准的选择。

第五章 绿色建材在室内装修中的应用

第一节 环境功能性装饰材料

一、抗菌自洁装饰材料

（一）抗菌陶瓷

制造具备抗菌功能的卫生陶瓷技术主要有以下几种方法：一是在陶瓷表面高温烧结含银离子的材料，这些银离子能够有效抑制并消灭表面的细菌，预防陶瓷成为细菌繁殖的环境。二是将光催化剂二氧化钛（TiO_2）经过高温处理固定在陶瓷表面，紫外线照射至 TiO_2 时，会产生具有分解有机物、抑制细菌生长作用的活性氧，同时去除异味，维持空气清新。三是在陶瓷表面涂层 TiO_2，并在其上覆盖银和铜的混合物层，这种结构在紫外光作用下显示出卓越的抗菌性，能在 1 h 内杀灭 99% 的葡萄球菌，显著提升了陶瓷产品的卫生与安全性。

1. 银系抗菌陶瓷

在陶瓷制品中引入具有抗菌性质的金属元素，如银和铜，是提高陶瓷功能性的有效方法。这些金属元素被认为是安全且有效的抗菌剂，能够赋予陶瓷长期持久的抗菌性能。通过将银和铜等金属以无机盐的形式加入陶瓷釉料中，并利用施釉与烧结工艺，可以使这些金属元素在陶瓷表面釉层内均匀分布，从而显著提高陶瓷产品的附加值和应用范围。

抗菌效果的实现主要依赖于釉层中的银和铜等金属离子，其能缓慢溶解出釉层，并通过扩散作用与微生物细胞膜相互作用。这些离子被细胞膜吸收后，会干预细胞膜功能及干扰细胞内代谢活动，导致微生物被抑制或直接死亡。这种方式有效地发挥了银、铜等金属的天然抗菌性能，为陶瓷产品赋予了持久而有效的抗菌防护。

2. TiO_2 光催化系抗菌陶瓷

光催化材料是指能够在光照条件下吸收光能达到激发态并促使特定化学反应发生的材料。以 TiO_2 为典型例子，其工作原理与太阳能电池有相似之处。在阳光作用下，TiO_2 可以发生电离现象，释放出具有强还原性和氧化性的电子和空穴。这些电子和空穴与水或溶解在水中的氧反应，产生强氧化性的羟基自由基 OH⁻ 或超氧阴离子 O_2^-，这种作用机理与漂白剂或过氧化氢相似，因而展现出显著的杀菌和消毒能力。

通过将 TiO_2 整合到釉面砖的表层，可以制造出带有 TiO_2 光催化抗菌功能的陶瓷瓷砖。这类基于陶瓷粉末底材、表面涂有 TiO_2 的光催化型陶瓷产品，在环境保护方面展现了广阔的应用前景，它能够高效地去除烟草烟雾中的异味、将大气污染物转换成无害的物质、分解难降解的化学物质，甚至帮助分解泄漏到海洋的原油。因此，TiO_2 光催化陶瓷在促进环境净化和提升生态质量方面起到了重要作用。

（二）抗菌塑料

抗菌塑料是一种能够在表面抑制或杀死细菌、真菌、酵母菌、藻类甚至病毒的材料，其通过阻断微生物的生长过程来维护塑料表面的卫生。这种具有防菌能力的塑料材料近年来发展迅速，应用范围也在不断扩大。

制作抗菌塑料的一种普遍方法是向常规塑料中添加少量抗菌剂。这些抗菌添加剂大致可以分为有机型、无机型及源于自然的抗菌剂三种类型。自 20 世纪 50 年代以来，有机抗菌剂就被广泛应用于纺织品处理，以赋予其抗微生物的属性。到了 20 世纪 80 年代，无机抗菌剂的开发与应用快速发展，目前抗菌塑料的研究与开发正逐渐向无机和有机抗菌剂的复合使用转型。此外，直接将抗菌化合物的活性基团嵌入高分子链中的策略也日益受到研究者的重视，这一新的研究趋势有望进一步提升材料的抗菌性能，并对环境保护作出贡献。

随着抗菌塑料在家用电器和日用品中的广泛应用，预计它们将在建筑材料和室内装饰领域得到更加频繁的使用。此外，抗菌材料在高端汽车内部装饰中的应用也在逐渐增加，例如抗菌塑料和材料制成的方向盘、内部布料、座椅以及门把手等，这凸显了抗菌材料在提高日常生活卫生安全性方面的巨大潜力和重要性。

（三）抗菌自洁玻璃

给传统玻璃表面施加纳米级 TiO_2 的透明涂层，为玻璃带来了抗菌和自洁的特殊功能。在紫外光的作用下，这种涂层展示出独有的性能：首先，它显示出光催化活性，能够迅速将玻璃表面的有机污染物分解成无害的物质，从而达到自清洁的效果。其次，光诱导的超亲水性作用将水在玻璃表面的接触角降低至 5° 以下，这有助于防止油脂与 TiO_2 涂层的直接接触，并增强了移除有机物的效率，使雨水可以轻易将污物冲洗干净。最后，该涂层还展现出强大的抗菌能力，光催化产生的自由电子和正电空穴能够将空气中的氧活化成活性氧，有效消灭多数细菌和病毒。

由于具有卓越的性能，抗菌自洁玻璃已经被广泛运用于多种场合，包括医疗设施的门窗和设备面板、高端住宅的室内装饰镜、汽车玻璃以及高层建筑的幕墙等。这种玻璃不只是公共场所的理想选择，也非常适合家庭装饰，能够有效消除家中的异味和烟味。

应用于建筑外墙的抗菌自洁玻璃能够长期维持其清洁度和光泽，从而降低清洁和维护的费用；在街道照明中使用自洁玻璃可以提高照明效果，同时减少清洁和保养的开支；将其应用于汽车的窗户和反光镜上，可以减少常规的清洁需求，提高雨天驾驶的安全性；应用在太阳能板和热水器上，可以有效增强光电转换和光热转换的效率，这展示了自洁玻璃在多个行业中的广泛应用前景。

二、空气净化材料

研究表明，尽管 TiO_2 在受光激发时能够发挥光催化效果，但这种作用仅在紫外光照射下发生，且需光能量超过 3.2eV。鉴于自然光中仅约 4% 的光线符合此条件，这限制了 TiO_2 在自然日光下的催化效率。为了增强 TiO_2 在自然光照下的活性，研究人员探索了向 TiO_2 中掺入少量过渡金属和稀土金属氧化物（特别是稀土元素）的方法。这种添加不只改善了 TiO_2 的晶格结构，扩大了其表面积和增加了表面缺陷，还有效降低了 TiO_2 半导体的能隙，从而提高了其表面的催化活性，显著提升了光催化降解的能力。

在空气净化技术领域的创新进展中，结合掺杂 TiO_2 的光催化剂和具有多孔结构的无机材料，特别是我国开发的稀土元素和纳米级 TiO_2 与膨润土的融合技术，标志着空气净化和表面抗菌材料的重大突破。这种高效复合材料充分发挥了稀土元素的独特物理和化学性质，如大原子半径、多价性质和高化学活性，为 TiO_2 半导体表面引入了新的能级，从而显著增强了光催化效率。

通过掺杂 TiO_2 和膨润土等无机材料，这种创新材料具备了抗菌、空气净化以及负离子生成等多重功能。膨润土的层状多孔结构不仅提供了较大的表面积，增强了物质的吸附能力，还通过离子交换和化学分解作用有效净化空气中的有害物质。此外，这种新型材料的开发也利用了稀土元素对 TiO_2 光催化活性的改性作用，使其在可见光范围内的活性得到了极大提升，可有效地分解空气中的污染物和有害微生物。

该材料被应用于新型的天花板涂料中，不仅满足了国内外对空气净化性能的高标准要求，而且在降低环境中一氧化碳浓度和增强空气中负离子含量方面展现出比现有技术更优异的性能。这一创新不仅为室内空气净化提供了高效解决方案，也为环境保护和人类健康做出了重要贡献，显示了我国在环保材料领域的领先地位和创新能力。

三、保健功能材料

在现代建筑材料的研发中，一种通过融合远红外线发射材料和半导体材质创新而成的建筑用材引起了广泛关注。这种材料通过精心选择和混合如锆、铁、镍、铬及其氧化物等远红外线发射材料与如二氧化钛、氧化锌等半导体材料，能够在常态下释放 8 ~ 18 nm 波长的远红外线。医学研究表明，这一波长范围的远红外线对人体有益，能有效促进人体微循环，加快新陈代谢，对健康和舒适的居住环境具有积极影响。

将这类远红外材料加入建筑陶瓷和卫生陶瓷的釉料中，不仅可以赋予陶瓷产品自身的基本功能，还能进一步提升其对居住空间的健康贡献，制作出既美观又具有远红外线健康功能的高端产品。这种创新材料的开发是建筑材料科技进步的体现，满足了市场对于高性能、健康环保建筑用材的需求。

该技术的应用不仅限于提升建筑物的宜居性，还体现在其对于提高人们生活质量的间接贡献上。例如，在寒冷的地区，这种材料能够通过远红外线的辐射升高室内温度，进而减少供暖所需的能源消耗，达到节能减排的效果。此外，这种材料的研发和应用也推动了建筑材料行业朝更加绿色、环保、健康的方向发展。

巴西和日本的研究揭示了电气石（也被称为碧玉）的特殊保健属性。观察显示，在巴西含有电气石的矿区周围居住的居民和矿工，相较于其他地区的人们享有更低的疾病率和更长的寿命，这种情况被认为是电气石影响的结果。电气石的健康益处被认为是由于它的多种生物学效应，包括光化作用、压电效应、热电效应、超声波效应、红外效应，以及微量稀土元素和负离子的生理影响。

四、电磁波屏蔽材料

在信息化时代背景下，电磁干扰的问题日益凸显，这不仅可能影响精密设备的准确操作，还有可能导致计算机数据不安全。为了有效提高电磁屏蔽性能，通常会在玻璃表面施加一层高导电性薄膜，利用电磁波的反射原理来阻挡电磁波，即电磁波被反射而非散射。但这样做往往会减少玻璃的可见光透过率。为了解决这个问题，研究人员采用了一种策略，即在保持膜层对电磁波的反射能力的同时，通过添加电介质膜并利用其干扰效应，达到既保持电磁屏蔽性能又不显著影响透光性的效果。

目前，已经开发出一种电磁遮蔽玻璃，它在保持 50% 的可见光透过率的同时，能提供 35 ~ 60 分贝的优良电磁遮蔽性能。

第二节 可再生型装饰材料

一、非木质植物人造板

木材，是历史悠久的建筑及装饰用材，因可再生、环境友好的特性而广受欢迎。它的天然本质、可持续回收能力以及对人类健康的益处使其在众多材料中独具魅力，无法被任何其他材料取代。在全球主要的建材如钢铁、水泥、塑料等中，木材凭借其真正的可持续性，成为支撑人类社会发展的绿色材料。

面对全球森林资源的持续减少，木材——传统的室内装饰材料，其供应正遭遇挑战，虽然对人造板材的需求仍在增加。为了解决这个问题，国内外进行了众多研究工作，致力于开发以非木质植物为基材的人造板材。这种新型材料作为一种环保的装饰选择，已被广泛应用于各类建筑项目中。

目前，非木质植物原料主要来自农业副产品和野生植物，这些材料的选择取决于其纤维在植物体内的具体位置以及所需生产工艺的差异。这种资源特别适用于生产纤维板和粒片板，且随着废水处理标准的严格化，其在粒片板生产领域的使用越发普及。

纸面稻草板，作为一类特殊的非木质人造板材，由于具有独特的生产过程和应用范围，与纤维板和粒片板相区别，因此通常被作为一个独立的类别处理。竹材人造板是一种创新的板材类型，它涵盖了纤维板、粒片板、胶合板等多种形态，能够替代传统的木材板材的各种用途，并且展现出更优的强度性能。

此外，还有复合板材，这是利用非木材植物原料与其他材料（如水泥、石膏等无机矿物材料）复合生产的板材。这些非木材人造板不仅能够替代木材人造板用于建筑装饰，还广泛应用于家具制造、包装等行业。

纸面稻草板使用洁净的天然稻草或麦秸作为主料，经过热挤压成型后，在其表面覆盖一层面纸，制出一种轻质的建筑用板材。这类板材的生产流程中不会释放有害环境的污染物，且其最终产品也不含有毒成分。在达到使用寿命末端需进行拆卸时，纸面稻草板能自然降解，无害地回归自然，因此成为一种典型的环保建筑材料。

纸面稻草板的生产流程突出了设备简便、能源消耗低、胶黏剂用量少的特点，整个生产过程中无须使用蒸汽、煤炭和水，仅依靠电力，大大减少了能源消耗。

制作纸面稻草板的流程涉及多个步骤：首先是解开稻草捆，采用立式投料的方式投料；接着进行侧面挤压，通过冷挤压和热挤压技术形成板材；然后将形成的板坯送入热压机以贴合表面纸；最后进行裁切和边缘封闭处理。

纸面稻草板不只展现出卓越的物理特性，如保温性、隔热能力和吸音效果，还在遭受日照、雨淋和冰冻等自然条件影响时，能够维持性能的稳定性。这种材料加工简便，可被锯切、钉接、黏合及上漆，因此非常适合用作墙体、屋顶板材和天花板。经过表面装饰处理的纸面稻草板也广泛应用于室内装修，如天花板、门和隔断墙等。它主要用于建筑中的各种隔墙设计，包括简易隔墙、粘接式隔墙和框架式隔墙等。

二、植物纤维喷涂涂料

由经过研磨、着色、防火以及吸音处理的植物纤维制成的植物纤维喷涂涂料，是一种集多种功能于一体的涂料。这种涂料在"健康、环保、安全"三大关键领域的性能已经达到了国际公认的绿色建材的标准，并且已经获得了如环境保护署（EPA）等环保机构的环保产品证书。

在应用过程中，植物纤维喷涂涂料通常采用干式喷涂方法。这种涂料能够直接喷施在多种基材上，包括混凝土、砖墙、木材、石膏板和金属表面，同时可用于覆盖已有的涂层表面。为确保施工的高质量完成，施工期间需不断搅动黏合剂以防止其沉淀或分层。另外，施工环境的温度应控制在理想范围内，以避免黏合剂因温度过低而结冻，从而保证黏结效果。

（一）通用型纤维喷涂涂料

该产品能够充分满足大多数用户在建筑保温和隔音方面的需求。此外，它也可用作室内表面的装饰材料，为建筑提供了类似毯子的美观效果。该产品提供了六种标准的颜色选项——黑色、灰色、灰白色、白色、米黄色和棕色，以满足不同用户的偏好，同时提供了配色定制服务。对于天花板应用，产品支持单次喷涂施工，厚度可达到 76 mm。

该产品已经在多种建筑装饰项目中得到了广泛的应用，包括体育馆、会议中心、商场、录音室、博物馆、展览馆以及各类娱乐场所。此外，在装备恰当通风系统的特定场所中，如室内泳池和溜冰场，该产品也能有效防止水蒸气在金属和混凝土表面凝结，其成本效益显著优于传统的防水解决方案。

（二）绝热隔音型纤维喷涂涂料

该纤维喷涂涂料主要被用于增强建筑墙体的保温和吸音性能，通常充当建筑中的隐蔽隔离层。在室内装修工作展开之前，可利用这款产品对墙面的裂缝、孔洞进行填补喷涂，同时可以遮盖墙面上露出的管道、电缆和其他不规则配件，形成一层无缝的喷涂层。这样不仅大幅提升了墙体的隔热性，也显著降低了声音通过墙体的传播。

绝热隔音型纤维喷涂涂料的主要性能如下：

（1）耐火极限为 1 h。

（2）导热系数为 0.038 W/（m·K）。

（3）黏结强度大于 10 倍的单位面积纤维喷涂涂料质量。

（三）天花板吸音型纤维喷涂涂料

这款纤维喷涂涂料提供普通型和加强型两个版本，其中加强型适合于需要耐机械磨损的应用场景。该涂料能够满足新建或改造项目对于高效吸音和良好采光性能的需求。它主要被用于天花板系统，作为吸音喷涂材料。

1. 泡沫塑料板专用纤维喷涂涂料的主要性能

（1）导热系数为 0.040 W/（m·K）。

（2）吸音系数为 0.75NRC（降噪系数）（喷涂层厚 25.4 mm，基材为固体）。

2. 吸音型纤维喷涂涂料的主要性能

（1）光反射系数为白色 73，北极白色不小于 81。

（2）黏结强度（kPa）：普通型大于 287，加强型大于 431。

（3）抗压强度（kPa）：普通型大于 192，加强型大于 287。

该专用纤维喷涂涂料主要可用于冷库、冷冻设备、冷却器、金属结构建筑及地下停车场等一些绝热、隔音要求较高的工程。

第三节　节能型绿色装饰材料

节能型绿色装饰材料主要是指节能玻璃。节能型建筑玻璃的品种有以下几种。

一、热反射玻璃

热反射玻璃是一种高科技的建筑用玻璃，通过在玻璃表面涂覆一层或多层金属或金属氧化物薄膜，使其具备反射太阳光中的红外线和紫外线的能力，同时允许可见光穿透。这种独特的涂层技术赋予热反射玻璃出色的热控制性能，有效降低建筑物内部因太阳辐射而产生的热量，从而降低空调等冷却系统的能耗，实现能源节约和室内温度舒适度的双重目标。

热反射玻璃的应用范围广泛，不仅用于办公楼、商业中心、高档住宅等现代化建筑的幕墙和窗户，也适用于温室和太阳能光伏板等领域。它不仅提升了建筑物的外观美感，还通过减少紫外线的侵入有效保护室内家具、地毯等物品免受日晒导致的褪色和老化。

随着人们对环保节能的重视，热反射玻璃以优越的节能效果和环保特性成为现代建筑设计中不可或缺的元素。通过优化涂层材料和工艺，热反射玻璃的性能不断提升，更好地满足了市场对高效能源管理和室内环境质量的要求。此外，热反射玻璃的持续创新和应用也为玻璃工业的发展带来了新的机遇。

二、吸热玻璃

吸热玻璃是一种具有特殊能量吸收特性的建筑用玻璃，通过在玻璃中添加特定的化学物质，如铁氧化物等，来实现对太阳光中红外线和部分可见光的吸收，从而减少通过玻璃传递的热量。这种玻璃能够有效降低太阳辐射引起的室内温度升高，减少建筑物内部对空调冷却的需求，从而达到节能的效果。

吸热玻璃的显著特点是其能够在不显著降低可见光透过率的同时，吸收太阳光中的大部分热能，这使它在保证室内光照充足的前提下，还能提供良好的热舒适性。因此，吸热玻璃广泛应用于办公楼、居住建筑、学校以及商业设施的窗户和幕墙系统中，特别适合于那些需要大量日照但又要求高效能源管理的建筑。

除了节能优势，吸热玻璃还能减轻太阳光直射带来的眩光，提高室内光环境的舒适度。同时，由于它能够吸收紫外线，还能有效延长室内装饰材料和家具的使用寿命，减少光照对物品的损伤。

随着建筑节能和室内环境质量要求的不断提升，吸热玻璃的设计和性能不断优化，成为现代建筑设计中重要的元素之一。未来，通过技术创新，吸热玻璃的性能将进一步提高，为建筑节能和室内环境舒适度提供更多保障。

三、低辐射玻璃

低辐射玻璃是一种通过在玻璃表面涂覆多层金属或金属氧化物微薄膜

制成的高性能建筑用玻璃。这些微薄膜的主要功能是反射红外线，同时允许可见光透过，从而有效地减少热量的传输。低辐射玻璃的核心优势在于其能够显著降低室内与室外之间的热量交换，实现良好的保温效果和节能效益。

在冬季，低辐射膜能够反射室内产生的热辐射，减少室内的热量通过玻璃散失到室外，从而保持室内温暖。在夏季，同样的涂层能够反射外部的红外线，减少太阳热能进入室内，有助于降低空调冷却负担和能源消耗。因此，低辐射玻璃对于提高建筑物的能效、降低能源成本具有显著作用。

此外，低辐射玻璃还能够减少紫外线的穿透，保护室内家具和装饰品不被日晒损害，延长其使用寿命。这些性能使低辐射玻璃在高档住宅、办公楼、医院、学校等建筑中得到了广泛应用。

随着人们对建筑节能和室内舒适度要求的提高，低辐射玻璃的应用越来越受到重视。未来，随着涂层技术的不断发展和成本的进一步降低，低辐射玻璃将在节能建筑领域扮演更加重要的角色。

四、中空玻璃

中空玻璃由两层或多层平板玻璃组成，并被铝制的间隔框隔开，在玻璃层之间形成一个或多个密封的空气室，或者填充惰性气体，其外围则通过密封剂封闭。这种构造利用了空气层或惰性气体层的绝缘性质，大幅提高了其保温能力。由于具有优异的保温性能，中空玻璃已经成为节能的重要玻璃产品。

五、真空玻璃

真空玻璃通过在两片玻璃间创造真空状态，相较于充填了干燥空气或惰性气体的中空玻璃，能够提供更卓越的绝缘性能。以两层 3 mm 厚的玻璃制成的真空玻璃为例，假设一侧温度保持在 50 ℃，在真空玻璃的情况下，另一侧的表面温度能够与室内温度相匹配，相比之下，使用中空玻璃时，另一侧的表面温度稍高。这种真空玻璃的隔热原理与保温瓶类似，它有效地阻断了热的对流交换，并且将热导率降至非常低的水平。

第四节　复合型绿色装饰材料

一、微发泡仿木塑料装饰材料

通过改造内部结构，微发泡仿木塑料将原有的结晶型或无定型结构转变成微发泡结构，这种结构中的泡沫单元相互链接，形成了类似天然木材细胞的组织构造。这一独特结构让塑料具备了与真木相似的密度和内部孔隙特征，使其能够采用传统木材的加工方法，包括刨削、锯切、钉接、切割和粘贴等。通过精选树脂类型、调整配方和应用特定的加工技术，可以再现真实木材的各种纹理、生长轮、虫眼和节疤等细节，打造出逼真的仿木塑料制品。

微发泡仿木装饰塑料制品具有以下性能及用途：

1. 良好的加工性

这种发泡产品能够兼容传统的木工处理方法，如钻孔、锯切、铣削、钉接、螺丝固定和黏合，而不会产生裂纹或变形。它可以被制成各种不同尺寸和形状的型材，包括那些需要弯曲加工的型材。

2. 优良的环境性能

发泡仿木装饰塑料制品无毒、无味、无害，具有良好的尺寸稳定性和抗跌落冲击性能，而且其防潮、防火、防虫、防蛀及隔音性能优于木材。

3. 优良的物理性能

这种材料的表面较为密实，所以具备了良好的防渗透能力和出色的热保护性能。与密实的非发泡聚氯乙烯产品相比，其热保护性能提高了40%，而与木材相比则提高了20%。

4. 良好的表面装饰性

这种材料保持了与常规聚氯乙烯相同的表面属性，因此可以采用标准聚氯乙烯印刷油墨进行图案制作。通过应用液态凹版印刷技术，能够创造出类似自然木材的外观。微发泡仿木装饰塑料已经广泛用于许多传统的木材应用领域，如墙板、隔断、门窗、书架、衣橱、桌椅以及覆盖板、电线和电缆保护管等。

综上所述，微发泡仿木塑料装饰材料（包括型材、板材、管材等）是一种在性能上与木材极为相近的聚合物材料。

二、微晶玻璃花岗岩

微晶玻璃花岗岩作为一种新兴的高端建筑装饰材料，正逐步受到国际装饰行业的青睐，因为它相比于天然花岗岩，提供了更多的设计灵活性和优异的装饰效果。这种材料利用高级的控晶技术加工而成，特点是结构致密、耐久性高、耐磨和耐蚀。它的表面纹理细腻、色彩明亮、均匀无色差，且颜色持久不褪，因此成为天然石材的理想替代品，特别适合作为墙壁和地面的装饰材料。

三、文化石

文化石作为一种流行的建筑装饰材料，可以分为天然与人造两大类。天然文化石以类似古建筑墙砖的外观和经过岁月洗礼的表面特征赋予建筑古典和雅致的风格。而人造文化石则是模拟自然石材的纹理和色彩，它包括仿真的砂岩、花岗岩、沉积岩、鹅卵石和乱石等多种风格，使用这些材料进行装饰可以创造出简朴而自然的环境氛围。

文化石的应用范围十分广泛，它不仅被广泛使用在酒店、酒吧、精品店、咖啡馆和私人庭院等场所，尤其是在建筑入口、内外窗台、吧台、壁炉周围以及墙柱的装饰上。其独有的装饰效果和适用性广的特点，使文化石越来越得到消费者及建筑材料行业的青睐。

文化石的制造流程涵盖了多个关键步骤，包括原材料的准确称量、混合、分配、形成、清洗、模具保养、脱模以及自然干燥。这套细致的生产工艺流程保障了文化石产品的优良品质和视觉吸引力。

四、功能型地毯

功能型地毯的款式和颜色千变万化，装饰效果丰富，最近国外一些科学家还研制了一批功能各异的新潮地毯。

1. 防火地毯

英国一家公司研制生产出一种防火地毯。它是用特殊的亚麻布制成的，防火性能极佳，用火烧 0.5 h 后仍然完好无损，且防水、防虫蛀。

2. 保温地毯

日本科学家最近研发出了一款智能电热地毯，该地毯能够根据房间内的温度自动调节加热功能。这种地毯配备了一个接收器，该接收器能够每 5min 接收一次来自墙面温控遥控器的室内温度数据。当感知到室内温度低于预设水平时，接收器会自动启动地毯的加热功能以提升室内温度；而当室温达到设定的目标值时，它会自动切断电源，停止加热。这种技术提供了一种智能化和节能的方式来维持室内的舒适温度。

3. 发电地毯

在德国，一种具有发电功能的地毯被开发出来，其是科技研究人员基于摩擦生电原理制成的。这种地毯能够在人行走其上时生成电力，如果通过导线进行连接，就可以为家用电器和蓄电池进行充电。为了确保安全，该地毯配备了一个绝缘层，使其对人体完全安全。

4. 光纤地毯

一家美国公司推出了一款独特的光纤地毯，该地毯在生产过程中将丙烯酸基光学纤维融入地毯纤维中，赋予了其创新的特点。这款地毯能够呈现多种变换的闪光图案，不仅能为室内装饰增添美感，也能在舞会或演出场合中发挥照明作用。若在公共场所遇到突发停电情况，该地毯还能自动显现指示箭头，引导人群安全疏散，起到重要的安全指引作用。

第六章　绿色建材在路面中的应用

第一节　建筑垃圾再生骨料在底基层中的应用研究

一、水泥稳定再生骨料无机混合料

（一）强度形成机理

1. 机械压实作用

机械压实作用是一种通过应用外力来减小材料体积、提高密度和强度的过程，在建筑、道路工程、材料科学和废物管理等领域有广泛的应用。这种作用通常涉及将物料放入模具或容器中，然后使用机械设备如压路机、压实机或挤压机施加压力。通过机械压实，可以使颗粒材料之间的空隙减少，达到更加紧密地排列的效果，从而提高材料的承载能力、稳定性和耐久性。

在建筑领域，机械压实作用常用于地基处理、填土工程和混凝土预制件的制作，确保结构的坚固和耐久性。在道路工程中，通过压实碎石和沥青层来提高路面的平整度和承载力。在材料科学中，机械压实技术用于制备高密度材料，如粉末冶金零件、陶瓷和复合材料，通过控制压实条件可以获得所需的物理和化学性能。

此外，机械压实在废物管理中也扮演着重要角色，如固体废物的压缩和填埋，不仅减少了废物占用的空间，还有助于提高填埋场的稳定性和减轻对环境的影响。

随着技术的进步，机械压实作用的效率不断提高、应用范围不断扩大，通过精确控制压实力度、速度和时间等参数，可以更好地满足不同领域的需求，实现资源的有效利用和环境保护的目标。

2. 水泥的水化作用

水泥的水化作用是一系列复杂的化学反应过程，其发生在水泥与水混合后，关键成分逐渐与水反应逐步形成凝固体。这个过程对于混凝土和砂浆的固化与硬化至关重要，决定了建筑材料的最终性能。

在水泥中，四大主要成分包括硅酸三钙（C_3S）、硅酸二钙（C_2S）、铝酸三钙（C_3A）和铁铝酸四钙（C_4AF）。当水泥遇水时，这些成分开始与水反应，

首先是 C_3S 和 C_3A 迅速反应，释放大量的热能，形成水化硅酸钙（C—S—H）和水化铝酸钙，这一阶段称为水化的初期反应，它为混凝土的初期凝固提供了基础。随后，C_2S 开始缓慢反应，持续生成 C—S—H，增加混凝土的密实度和最终强度，这是水化的后期反应。

水化过程中生成的 C—S—H 凝胶是混凝土强度和耐久性的主要来源，其多孔结构提供了优异的抗压性。同时，水化反应还生成了氢氧化钙，为混凝土提供碱性环境，有助于防止钢筋的腐蚀。

整个水化作用是一个从外到内、从快到慢的持续过程，混凝土的性能随着水化程度的增加而提高。因此，控制水化速率和保持适宜的水化条件对于确保混凝土结构的质量和耐久性至关重要。通过对水泥水化过程的深入理解和科学管理，可以有效提升建筑结构的安全性、稳定性和使用寿命。

以下为水泥水化的反应：

$$2（3CaO·SiO_2）+ 6H_2O = 3CaO·2SiO_2·3H_2O + 3Ca（OH）_2$$
$$2（2CaO·SiO_2）+ 4H_2O = 3CaO·2SiO_2·3H_2O + Ca（OH）_2$$
$$3CaO·Al_2O_3 + 6H_2O = 3CaO·Al_2O_3·6H_2O$$
$$4CaO·Al_2O_3·Fe_2O_3 + 7H_2O = 3CaO·Al_2O_3·6H_2O + CaO·Fe_2O_3·H_2O$$

3. 水泥水化产物与建筑垃圾再生骨料的反应

在建筑材料领域，探索水泥水化产物与建筑垃圾再生骨料之间的相互作用成为日益重要的研究课题。这些再生骨料源于建筑废弃物，通过破碎、筛选和进一步处理得到，既包括原混凝土结构中的骨料，也含有旧混凝土中的水泥浆体等复杂成分。当这些再生材料被再次用于新混凝土的制备时，其中的旧水泥石水化产物与新加入的水泥浆之间的相互作用触发了一系列复杂的化学反应和物理过程。

这种相互作用的研究对于提高再生混凝土的性能具有重要意义。一方面，理解这些相互作用可以帮助我们优化再生骨料混凝土的配比设计，从而提高其力学性能和耐久性。另一方面，这种研究有助于进一步减少建筑废弃物对环境的影响，促进建筑材料的可持续发展。

具体来说，再生骨料表面的旧水泥石水化产物在新混凝土中与新鲜水泥浆体相接触时，可能会通过以下几种方式影响混凝土的性能：

（1）化学反应。旧水泥石的水化产物可能与新水泥浆中的活性成分反应，形成新的水化产物，这可能会影响混凝土强度的发展。

（2）物理黏结。再生骨料表面的旧水化产物可以与新水泥浆中的成分形成更紧密的黏结，从而提高混凝土的整体结构强度。

（3）微观结构调整。水泥水化产物与再生骨料之间的相互作用可能会导致混凝土微观结构有所调整，从而影响其孔结构和渗透性。

为了最大化再生混凝土的性能，科学家和工程师正致力于深入理解上述反应和过程，探索通过改变水泥种类、调整再生骨料的处理方法或优化混凝土配比等方式来改善再生混凝土的性能。这项研究不仅对于提升再生混凝土的应用价值具有重要意义，而且对于推动建筑材料行业的可持续发展也具有长远的影响。

（二）技术要求

1. 无侧限抗压强度

无侧限抗压强度描述的是试验样品在没有侧向支撑压力的情况下，能够承受的最大轴向压缩力的能力。在进行三轴测试时，圆柱形试样不受任何侧压的影响，仅通过轴向压缩直至发生剪切失败。试样在剪切失败时所承受的轴向压缩力的力量值即定义为无侧限抗压强度。

2. 含水率

Ⅰ类和Ⅱ类再生骨料级配的混合料含水率都应在规定范围内。

3. 水泥掺量

实际水泥掺量应不小于配比设计中确定的水泥掺量。

（三）配比设计

在设计配比时，应遵循以下准则：

（1）在试配阶段，应根据规定选择适当的水泥用量。

（2）为确定最适合的含水率和最大干密度，应通过重型击实方法测试不同水泥用量的混合物。

（3）应基于规定的压实度来计算含有不同水泥用量的试样的干密度。

（4）制备试样、养护及进行抗压强度测定时，必须遵守相关标准和要求。

（5）基于抗压强度测试结果来确定水泥用量，其中水泥的最低掺量不应低于 3%；对于 32.5 强度等级的水泥，最小掺量不得低于 4%。通过内插法来确定最大干密度和最佳含水率。

二、石灰粉煤灰稳定再生骨料无机混合料

（一）强度形成机理

1. 机械压实作用

通过机械碾压和夯实，石灰粉煤灰稳定的建筑废料再生骨料显著降低了空隙率，增强了混合物颗粒之间的固结作用，从而显著提升了密实度。这一过程不仅增强了混合物的抗压强度，也提高了其抵抗变形的能力。

2. 离子交换作用

土壤的细小粒子在其表面吸附了诸如 Na^+、K^+、H^+ 等低价阳离子。接触水时，建筑废料再生骨料和石灰会释放出大量高价阳离子，例如 Ga^{2+} 等。混合物加水后，高价和低价阳离子之间发生离子交换，导致土壤表面的水膜厚度减少。这使土壤粒子之间距离缩小，单个粒子聚集成团粒，最终形成了更加稳定的结构。

3. 火山灰作用

自古罗马时期开始，火山灰就因独特的化学和物理性质被用作重要的建筑材料。现代科学研究证明，火山灰中富含的硅酸盐和铝酸盐，在水泥水化过程中能够与氢氧化钙发生泊松反应，生成具有良好胶凝性能的水化硅铝酸钙（C—S—H）和水化铝酸钙（C—A—H），从而显著提升混凝土的强度和耐久性。

（1）火山灰的化学作用。火山灰的加入改变了传统水泥熟料的化学组成，引入了更多的活性硅酸盐和铝酸盐。这些活性组分在水泥水化过程中与氢氧化钙反应，形成微细且均匀分布的 C—S—H 和 C—A—H 凝胶，不仅提高了混凝土的力学性能，也增强了其抗渗透性和抗化学侵蚀能力。

（2）火山灰的物理作用。除了化学反应，火山灰粒子本身的细小和均匀也有助于提升混凝土的密实性。火山灰粒子作为微细填料，能够填充水泥颗粒之间的空隙，降低孔隙率，从而增强混凝土的密实性和整体性能。

（3）环境效益。使用火山灰不仅能提高建筑材料的性能，还有显著的环境效益。一方面，替代部分水泥熟料的火山灰减少了水泥生产中的二氧化碳排放；另一方面，作为一种自然产生的材料，火山灰的利用减少了建筑废物，促进了资源的循环利用。

现代混凝土工程中，通过科学的配比和精确的工艺控制，火山灰的应用已经从简单的添加剂发展为能够提高混凝土性能的关键材料。在高性能混凝土、海洋工程混凝土以及对耐久性有特殊要求的混凝土中，火山灰的作用尤为突出。随着对混凝土性能要求的不断提高和环境保护意识的增强，火山灰作为一种环保、高效的混凝土添加剂，其应用范围将进一步扩大，为可持续发展的建筑材料技术提供强有力的支持。

4. 结晶与碳酸化作用

当石灰的剂量达到一定限度时，饱和的氢氧化钙会自行结晶，其反应式为：

$$Ca(OH)_2 + nH_2O \rightarrow Ca(OH)_2 \cdot nH_2O$$

结晶后将混合料颗粒胶结成一个整体。同时，部分氢氧化钙与空气中的二氧化碳发生碳化反应，形成具有一定强度的碳酸钙晶体，其反应式为：

$$Ca(OH)_2 + CO_2 \rightarrow CaCO_3 + H_2O$$

在石灰稳定的建筑垃圾混合料技术中，石灰的加入不仅触发了一连串物理和化学反应，还彻底转变了原材料的性质。这种转变首先体现在混合料的含水率和干密度的变化上，随后通过碳酸氢钙和碳酸钙晶体的共同作用形成的网状结构，极大地增强了材料的强度和刚性。

（1）物理和化学反应。石灰加入建筑垃圾混合料后，首先与水反应生成氢氧化钙，随后与混合料中的二氧化碳反应产生碳酸氢钙，最终转变为碳酸钙晶体。这一过程不仅改变了混合料的化学组成，还促进了新的结构形态的发展。

（2）结构变化及其影响。碳酸氢钙和碳酸钙晶体的形成，特别是它们在混合料中构建的网状结构，为混合料提供了额外的内聚力和结构完整性。这种结构的形成使材料在初期即表现出改善的含水率和降低的干密度，这是由于石灰的加入使混合料能够保留更多的水分而不致过于紧实。

随着养护时间的延长，这些晶体结构的稳定和增多显著提升了混合料的强度和稳定性，使石灰稳定技术成为土壤改良和建筑材料增强的有效手段。这种技术不仅提高了建筑垃圾混合料的利用价值，还有助于减少建筑废物对环境的负担。

石灰稳定建筑垃圾混合料技术的应用，为废弃材料的再利用提供了新的途径，特别适合于道路基础、临时道路、填充材料以及其他土木工程项目。通过这种方式，不仅可以有效利用建筑废弃物，还能提升工程材料的性能，实现环境友好和资源节约的双重目标。随着建筑和环保行业对可持续材料的需求日益增长，石灰稳定建筑垃圾混合料技术的发展将有十分广阔的前景。

（二）技术要求

1. 无侧限抗压强度
石灰粉煤灰稳定再生骨料无机混合料的 7d 无侧限抗压强度应符合规定。

2. 含水率
Ⅰ类和Ⅱ类再生骨料级配的混合料含水率都应在规定范围内。

3. 石灰掺量
实际石灰掺量应不小于配比设计中确定的石灰掺量。

4. 抗冻性能
中冰冻、重冰冻区路面基层 28 d 龄期试件 5 次冻融循环后的残留抗压强度比不宜小于 70%。

（三）配比设计

准备不同配比的石灰粉煤灰混合物，并使用重型击实方法来确定这些混合物的最佳含水率与最大干密度。通过比较同一龄期和相同压实度下的抗压强度，选择抗压强度最高的石灰粉煤灰配比。

试配阶段，应依照规定选择石灰的掺入量，并据此计算出粉煤灰的使用量。

使用重型击实方法确定不同石灰掺量的混合物的理想含水率和最大干密度。

根据指定的压实度要求，计算出不同石灰掺量的试件的干密度。

制备试件、养护及进行抗压强度测试都必须遵循相关规定。

基于抗压强度测试的结果来确定石灰的添加量，保证石灰的最低掺量不低于3%；对于Ⅱ类再生级配骨料，石灰的最低掺量不应低于4%。采用内插法来估算混合物的最大干密度和最佳含水率。

三、水泥粉煤灰稳定再生骨料无机混合料

（一）强度形成机理

水泥粉煤灰稳定的再生骨料无机混合物的强度形成原理与仅用水泥稳定的再生骨料无机混合物类似，其主要的强度源于两个关键作用：一是水泥的水化反应，二是粉煤灰的火山灰效应。这两种反应共同作用，为混合物提供了结构强度。

（二）技术要求

1. 无侧限抗压强度

水泥粉煤灰稳定再生骨料无机混合料 7 d 无侧限抗压强度应符合规定。

2. 含水率

Ⅰ类和Ⅱ类再生骨料级配的混合料含水率都应在规定范围内。

3. 水泥掺量

实际水泥掺量应不小于配比设计中确定的水泥掺量。

（三）配比设计

在试配过程中，水泥的添加量应保持在 3% ~ 5%；水泥粉煤灰与再生骨料的质量比应控制在 12∶88 ~ 17∶83。

应使用重型击实方法确定不同水泥掺量的混合料的理想含水率及其最大干密度。

根据既定的压实度要求，计算不同水泥掺量的试样的干密度。

制备试样、进行养护和抗压强度的测定都必须遵守相应的规定。

依据抗压强度的测试结果来决定水泥的添加量，确保水泥的最低添加量不低于 3%。利用内插法来确定混合料的最大干密度和最佳含水率。

四、工业废渣稳定材料

（一）概述

在道路建设中，常用的工业废料包括火电厂的粉煤灰与炉渣、钢厂的高炉渣与钢渣、化工厂的电石渣和煤矿的煤矸石等。这些废料中富含二氧化硅、氧化钙、氧化铝等活性成分。采用石灰进行废料稳定处理时，石灰与水反应生成的饱和氢氧化钙溶液可以促使废料中的活性氧化物与之发生火山灰反应，形成硅酸钙和铝酸钙水化物胶凝物，这种胶凝作用能够将颗粒黏合在一起，并随着水化物的不断生成而逐渐硬化，展现出水硬性。在较高的温度下，这种混合物的强度会更快增加，因此，最适合在温暖季节施工并注意保持充分湿润以利于养护。

工业废料稳定材料的生产通常以石灰或水泥作为黏合剂，将炉渣、钢渣、矿渣等工业废料作为主要稳定材料，通过加水混合而成。根据稳定剂的不同，这些材料可细分为石灰粉煤灰稳定土和石灰其他废渣稳定土两大类。前者是指用石灰和粉煤灰共同稳定工业废料或土壤的混合物，而后者则是用石灰稳定工业废料或废料与土壤的混合物。

石灰稳定的工业废料基层展示了许多优异性能，如水硬性、缓凝性、高强度、良好的稳定性，以及随时间增加的强度，具备优秀的耐水、耐冻、抗裂特性和低收缩性，能够适应各种气候和水文地质条件。因此，近年来高等级公路的建设经常选择石灰稳定工业废料作为高级或次高级路面的基层或底基层材料。

（二）对材料的要求

1. 石灰

工业废渣基层所用的结合料是石灰或石灰下脚料。石灰的质量宜符合 III 级以上技术指标。

2. 废渣材料

粉煤灰，作为火电站燃煤后的粉末状副产品，主要含有二氧化硅（SiO_2）、三氧化二铝（Al_2O_3）和三氧化二铁（Fe_2O_3），这些成分的总和所占比例通常需超过 70%。为了保证其质量，粉煤灰的烧失量应低于 20%。如果不满足这些标准，必须通过额外试验来评估其适用性。粉煤灰既可以是干燥状态，又可以是湿润状态，干粉煤灰在堆放过程中需要适量喷水防尘；而湿粉煤灰在堆放时的含水率应控制在 35% 以内。此外，粉煤灰的比表面积应该大于 2500 cm^2/g（或者 70% 能通过 0.075 mm 的筛孔）。

3. 粒料（砾料）

在公路建设中，骨料的质量直接影响路面的耐久性和稳定性。对于不同等级的公路，对骨料的压碎值和最大粒径有严格的要求。对于高速公路和一级公路而言，骨料的压碎值不得超过 30%，以确保骨料在承受交通荷载时的稳定性和耐久性；对于二级及以下等级的公路，这一要求稍有放宽，压碎值上限设为 35%，反映了其承载要求相对较低。

在骨料的最大粒径方面，高速公路和一级公路对粒径的控制更为严格，不超过 31.5 mm，这有助于保证路面结构的紧密性和平整性；而二级及二级以下公路的骨料最大粒径则放宽到不超过 37.5 mm，以适应不同路面设计和承载能力的需求。

在使用石灰工业废渣作为公路建设材料时，要求粒料的含量占到总量的 80% 以上，并且必须保证良好的级配，以便于实现最佳的压实效果和承载能力。此外，二灰砂砾混合料和二灰碎石混合料等特定材料的使用也需符合相应的标准要求，以确保公路工程的质量和安全。

这些规定不仅体现了对公路材料质量的高要求，也反映了在不同等级公路建设中对材料性能的具体考虑，旨在通过精细化的材料管理和应用延长公路寿命，降低维护成本，同时确保交通安全和流畅。

（三）混合料组成设计

混合料组成设计是建筑和道路工程中的一项关键任务，它要求根据工程的具体需求和目标精心选择和配比各种材料，以实现最佳的物理、化学和力学性能。这一设计过程涉及对骨料、水泥、添加剂以及其他可能材料的细致分析和计算，目的是确保混合料既坚固耐用，又经济高效。

1. 关键考量因素

（1）强度和耐久性。混合料需要具备足够的强度来承受预期的荷载，同时要具有良好的耐久性以抵抗环境因素的侵蚀，如冻融循环、化学侵蚀和磨损。

（2）工作性。混合料的工作性指的是其在施工过程中的可操作性，包括流动性、易塑性和保水性等，直接影响施工的便利性和效率。

（3）经济性。在满足性能要求的前提下，混合料的成本控制是不可忽视的方面。这涉及原料的选择、配比的优化以及施工方法的改进。

（4）环保性。随着环保意识的提高，利用可再生资源和工业废料成为混合料设计的重要方向，不仅能降低对自然资源的消耗，也有助于减少工程的碳足迹。

2. 设计方法

混合料组成设计通常采用试验法和计算法相结合的方式进行。通过实验室试验来评估不同配比下混合料的性能，包括抗压强度、抗折强度、耐久性等，同时结合成本分析和环境影响评估找到最优配比。计算法则涉及对材料性质的数学建模和仿真分析，为设计提供理论依据。

综上所述，混合料组成设计是一个复杂而多维的过程，它要求设计者不仅具备丰富的材料知识和工程经验，还需要综合考虑经济性、环保性和实际施工的需求，以确保工程的成功实施和长期性能。

第二节　再生骨料在水泥稳定碎石基层中的路用性能研究

一、水泥稳定再生骨料基层混合料配比设计

（一）影响混合料强度的因素

原材料的属性、粒子的尺寸分布、混合物的比例、施工条件以及养护技术等因素均会对混合物的强度产生影响，这主要涉及以下几方面：

1. 水泥的成分和剂量

水泥的活性提升及其比表面积的增大将增强水泥稳定土的强度。这是因为随着水泥比表面积的扩大，水泥粒子与土壤中的颗粒及微小团块之间的接触面积同样增加，使水泥能够更均匀地分布于土壤中，进而最大化地利用水泥的黏合作用。同时，增加水泥的用量也会促进水泥稳定土强度的提高，但通常需要综合考虑技术和经济因素来确定水泥的适宜添加量。

2. 水分含量和水质

水泥稳定土的制备和性能表现在很大程度上依赖混合物中的水分含量。适当的含水量是确保水泥充分发挥其水化和水解作用的前提，这一化学反应过程对于提高水泥稳定土的黏结能力和强度至关重要。含水量不足会导致水泥与骨料之间的黏结力下降，影响整体结构的稳定性和耐久性。此外，含水率的适当控制还对水泥稳定土的压实度具有显著影响，直接关系其后期的承载能力和防水性能。

在水泥稳定土的制备过程中，选用的水质也需注意。一般建议使用饮用水标准的水源，以避免水中的杂质或有机物质影响水泥的正常水化反应。尽管高

盐分的水源在一定程度上是可接受的，但必须确保其内含成分不会对水泥稳定土的固化和性能产生负面影响。

因此，实现理想的含水率和选择适当的水源对于优化水泥稳定土的性能至关重要。通过精确控制混合物的含水量，并采用质量合格的水源可以显著提高水泥稳定土的结构完整性、承载能力以及耐用性，满足工程建设的高标准要求。此外，通过严格管理水泥稳定土制备过程中的水分和水质，还可以提升水泥的环境适应性和长期服务性能，为基础设施建设提供坚固的支撑。

3. 工艺过程及养生条件

在水泥稳定土的制备过程中，混合均匀性和压实工作对最终的强度和稳定性具有决定性的影响。均匀混合确保了水泥、水和骨料之间的有效结合，从而使水泥的水化反应最大化，提高材料的整体性能。然而，混合不均会导致材料内部出现不一致性，水泥含量高的区域可能出现过早硬化和裂缝，而水泥含量低的区域则强度不足，影响整体结构的可靠性。

压实度同样对水泥稳定土的性能有重要影响。适当的压实可以显著增加材料的密实度，提高其抗压强度和耐久性。制备过程中，从开始加水混合到完成压实的时间控制对保证材料质量非常关键。如果混合后的停留时间过长或者压实工作推迟，会影响水泥水化反应的均匀进行，甚至可能导致水泥形成硬块，这些硬块会在后续的压实过程中妨碍混合物达到理想的密实度和均匀性。

因此，在水泥稳定土的制备中，确保混合物的均匀混合和及时压实是至关重要的。这不仅需要严格的工艺流程控制，也需要高效的施工设备和技术，以确保每一个步骤都能按照要求完成，从而保证水泥稳定土基层的质量和性能，满足工程对强度、稳定性和耐久性的要求。适当的工程管理和施工技术的应用可以有效避免制备过程中出现问题，保证水泥稳定土的高性能表现。

水泥稳定土的强度与其龄期存在指数型的关联，意味着随着龄期的延长，其强度会逐渐提升。不同的水泥添加量和养护方法会导致强度增长速率有所差异。

基于上述分析，设计水泥稳定再生骨料基层的混合物配比时，应考虑水泥稳定土强度的形成机制及影响其强度的各种因素，以确保所设计的配比更加贴合实际工程需求。

与天然骨料相比，再生骨料的吸水率、压碎值、空隙率均较大。

水泥稳定碎石由于强度高和整体性良好，常被应用于高等级公路的基层与底基层。然而，水泥稳定基层容易出现裂缝，这些裂缝可能导致水泥混凝土面层出现反射裂纹。因此，在设计配比时，需要使用科学和规范的方法。

（二）混合料配比设计流程

在水泥稳定再生骨料混合物的设计过程中，精确的材料选择和配比是确保最终产品达到预期性能标准的关键步骤。这一过程涉及对粗细骨料的仔细筛选和矿物质比例的恰当选择，以及基于工程实践经验的水泥添加量范围的初步确定。综合考量这些因素，可以制备出具有优异性能的水泥稳定土材料，满足特定工程需求。

1. 确定最优含水量和最大干密度

击实试验是确定最优含水量和最大干密度的有效方法，这两个参数直接影响混合物的压实效果和后期的强度发展。最优含水量是指能使混合物达到最大干密度时的含水率，这是保证混合物在实际应用中达到良好压实度的关键。

2. 骨架密实结构的形成

在水泥稳定土的设计中追求的骨架密实结构是通过粗大骨料相互嵌挤形成稳定骨架，而水泥浆和细颗粒填充其间空隙实现的。这种结构不仅增强了材料的承载能力，还提高了其抗裂性和耐久性，是设计中的一个重要目标。

3. 实验验证和配比的确定

通过进行 7 d 龄期的无侧限抗压强度测试，可以评估不同配比下材料的性能，从而对比分析找出最佳配比。这一步骤是确保混合物达到设计要求强度的重要验证手段。

4. 综合考虑和优化

最终的配比确定需综合考虑材料的可获得性、经济性以及预期的工程性能。通过反复试验和调整，结合现行规范和丰富的实践经验，可以优化水泥稳定再生骨料混合物的设计，确保其既具有高性能又经济实用。

总之，水泥稳定再生骨料混合物的设计是一个系统而复杂的过程，需要科学的方法、严格的试验验证以及对材料性能深刻的理解。经过精心设计的混合料不仅能提高工程结构的性能，还能促进建筑废料的循环利用，实现可持续发展目标。

（三）水泥稳定再生骨料基层混合料组成设计

1. 原材料选定及检验

（1）矿料级配要求。矿料级配应符合规定。

（2）粗、细骨料规格。从破碎的废旧混凝土中回收得到的再生骨料，其粒径范围包括 10～30 mm 的碎石、10～20 mm 的碎石以及石屑。这些再生骨料的压碎值达到 16.5%。其中，粒径小于 0.5 mm 的颗粒的液限和塑性指数分别为 13.9% 和 2.1。含泥量方面，10～30 mm 粒径的颗粒含泥量为 0.6%，而石屑的含泥量为 3.1%。

（3）水泥。使用普通硅酸盐水泥。

2. 混合料组成设计

（1）矿料级配。选取第一组矿料组成比例为 10 ~ 30 mm 碎石 ： 10 ~ 20 mm 碎石 ：石屑＝ 10% ： 45% ： 45%。

（2）确定水泥剂量的掺配范围。遵循规范要求，当基层使用水泥稳定材料构建时，其设计必须确保 7 d 龄期下的无侧限饱水抗压强度标准值超过 4.0 MPa。依据工程实践和施工经验，选择了五种不同的水泥掺量比例进行应用，水泥对骨料的比例为 3.0 ： 100、4.0 ： 100、4.5 ： 100、5.0 ： 100 和 6.0 ： 100。

（3）标准击实试验。在上述比例的矿料中分别掺加五种不同的水泥剂量进行标准击实试验，最后在不同水泥剂量下确定各自的最大干密度和最佳含水率。

（4）7 d 无侧限饱水抗压强度试验。对制备出的试样进行养护，养护过程包括 6 d 的标准养生加上 1 d 的浸水养生。随后，按照规范要求对试样进行 7 d 无侧限饱水抗压强度的测试。

3. 目标配比

按照上述试验流程，选定了三种不同的矿料级配方案。在这些方案中，第二组的矿料比例为 10 ~ 30 mm 的碎石、10 ~ 20 mm 的碎石和石屑按 22%、30%、48% 的比例混合；第三组则是 10 ~ 30 mm 的碎石、10 ~ 20 mm 的碎石和石屑按 15%、38%、47% 的比例混合。对这些矿料级配依次执行标准击实试验以确定相关参数，并据此制备试样。接着，进行 7 d 无侧限抗压强度测试，以对各试样的强度进行分析。

二、路用性能研究

1. 劈裂强度试验

对于 10 ~ 30 mm 碎石、10 ~ 20 mm 碎石、石屑按照 10 ： 45 ： 45 的比例配置的矿料，分别加入 3%、4%、4.5%、5% 以及 6% 五种不同的水泥掺量。在确定的最佳含水率和最大干密度条件下，采用振动成型法来制备试样。为了测试 7 d、28 d、90 d 以及 180 d 龄期的劈裂强度，每个水泥掺量级别下准备 6 个试样，总共制备 120 个试样。接着，分别在这些不同的龄期进行劈裂强度测试。

（1）劈裂强度试验步骤。从水中取出试样后，先将表面的水分用布擦干，随即测量并记录其质量和高度（h）。接着，将试样横向置于压力机的支撑条上，并在试样的顶部放置另一支撑条。然后，将球形支座安置在上方支撑条之上，位置需调整至试样中心。此后开始施加压力，确保加载的速率约为 1 mm/min，最后将试件破坏时的最大压力记录下来。计算劈裂强度的公式如下：

$$R_i = 0.004178 \frac{P}{h}$$

式中：R_i——试件的间接抗拉强度；

  P——试件破坏时的最大压力；

  h——浸水后试件的高度。

（2）劈裂强度试验结果。在对水泥稳定再生骨料混合物的劈裂强度进行系统测试的过程中，获得了一系列重要发现，这些发现对于深入理解这种材料的性能以及其在道路工程中的应用具有重要价值。首先，通过振动成型法制备的试件展现出了较为一致的质量分布，其劈裂强度的偏差系数均未超过10%，这不仅符合规范要求，还是骨架密实型结构的明显标志。这种一致性指示了制备过程的可靠性以及最终材料的均匀性。

随着龄期的延长，水泥稳定再生骨料混合物的劈裂强度表现出明显的增加趋势，这与水泥水化反应持续进行，不断增强材料内部结构的紧密性和骨架的稳定性有关。此外，水泥掺量的增加也直接导致劈裂强度的提升，这进一步证实了水泥在这种混合物中的关键作用，特别是在提高材料早期强度方面的重要性。

根据统计数据分析可知，在相同龄期条件下，水泥稳定再生骨料混合物的劈裂强度与水泥掺量之间呈现较强的线性关系，而在水泥掺量固定的情况下，劈裂强度随龄期的变化更接近于对数关系。这表明水泥掺量和龄期是影响劈裂强度的两个主要因素，其相互作用决定了材料的性能表现。

长期龄期的试验结果显示，在 180 d 时，水泥稳定再生骨料混合物的劈裂强度是早期龄期的数倍，这一现象突显了水泥稳定材料随时间增加而改善性能的特点。初期强度快速增加，之后增加速率逐渐放缓，反映了水泥水化反应进入较为平稳的后期阶段。

这些发现不仅验证了水泥稳定再生骨料混合物作为道路基层材料的可行性，同时为其设计和应用提供了科学依据。通过精确控制水泥掺量和充分考虑龄期因素，可以有效优化这种材料的性能，实现其在道路建设中的广泛应用。

2. 无侧限抗压回弹模量

（1）无侧限抗压回弹模量试验步骤。选用合适的测力计和试验机后，进行机器参数的设定。将水浸过的试件摆放在加载平台上，并在其顶部撒上一层细沙。随后，正确安装千分表和变形测量设备进行预加压，并记录加载及卸载后的数据。最终，通过分析单位压力与回弹变形的关系曲线，计算得出回弹模量。计算抗压回弹模量的公式如下：

$$Ec = \frac{hP}{l}$$

式中：E_c——抗压回弹模量；

P——单位压力；

h——试件高度；

l——试件回弹变形。

（2）无侧限抗压回弹模量试验结果。在对水泥稳定再生骨料混合料进行抗压回弹模量的测试中获得了一系列鼓舞人心的结果，这些结果不仅展示了混合料的质量稳定性，还证实了其在不同条件下的可靠性和适用性。通过精心设计的实验展现了水泥剂量和龄期对抗压回弹模量的显著影响，为水泥稳定再生骨料混合料在半刚性基层中的应用提供了坚实的数据支撑。

第一，抗压回弹模量的稳定性。

所有测试的偏差系数未超过15%，满足了测试标准，反映出通过振动成型法制备的试件具有良好的均匀性和质量稳定性。抗压回弹模量随龄期延长和水泥剂量提高而增加的趋势进一步验证了水泥对再生骨料混合料稳定性和强度提升作用的重要性。

第二，抗压回弹模量与水泥剂量和龄期的关系。

实验数据显示，抗压回弹模量与水泥剂量及龄期之间呈现出较强的线性关系。特别是在90 d和180 d的龄期，线性回归系数超过了0.9，表明随着水泥剂量的增加和龄期的延长，抗压回弹模量的提升趋势更为明显和稳定。这种线性趋势的发现为优化水泥稳定再生骨料混合料的配比和预测其长期性能提供了可靠依据。

第三，龄期对抗压回弹模量的影响。

抗压回弹模量在28～180 d期间的增长趋势体现了水泥稳定再生骨料混合料随龄期延长而强度提升的特性。尤其是在28～90 d的快速增长阶段，显示出早期水泥水化反应对提升材料性能的显著影响。而从90～180 d的相对平缓增长，则反映了水泥水化反应进入后期，混合料性能趋于稳定。

这些实验结果不仅展示了水泥稳定再生骨料混合料在半刚性基层中的应用潜力，同时指导了实际工程中水泥掺量和养护时间的优化选择，以实现更高的路基性能和经济效益。通过继续深入研究和实践，水泥稳定再生骨料混合料有望在道路建设中发挥更大的作用，为可持续基础设施建设做出更多贡献。

3. 抗冻融循环性能

为了评估水泥稳定再生骨料基层材料的耐久性和抗冻性，开展了一系列冻融循环试验。试验设计包括了五种不同浓度（3%、4%、4.5%、5%、6%）的水泥掺量，并选择了10～30 mm碎石、10～20 mm碎石与石屑以

10 ： 45 ： 45 的比例混合而成的矿料。在最佳含水率和最大干密度条件下，通过振动成型法制备了总计 60 个试件，分别针对 28 d 和 90 d 龄期，每个水泥浓度下制备 6 个试件，进行冻融循环测试。

基层材料的孔隙是冻融循环中的一个关键因素，因为孔隙中的水在气温下降至冰点时会冻结并膨胀，从而在材料内部产生额外的应力。这些应力会对材料结构造成连续的冲击，可能引发材料的微观破裂乃至宏观损伤。冻融循环试验是一种模拟自然环境中冰冻和融化交替作用的方法，用以评估材料在反复冻融作用下的抗裂性和耐久性。

试验结果将揭示不同水泥掺量对材料抗冻性能的影响。理论上，水泥的加入能够改善材料的密实度和连续性，降低孔隙率，从而提高其抗冻性。然而，水泥掺量的增加也会影响材料的柔性和韧性，过高的水泥掺量可能导致材料变得更脆，抗裂性降低。因此，寻找适宜的水泥掺量以平衡材料的密实度、强度和韧性，是保证材料长期性能的关键。

通过冻融循环试验不仅可以评估水泥稳定再生骨料混合物的耐久性，还能为实际工程中合理选择材料配比提供科学依据，确保道路基层材料能够适应复杂多变的自然环境，延长服务寿命。

（1）冻融循环试验步骤。在试件养生 28 d 和 90 d 后，分别进行冻融循环试验。首先，将试件放入设定为 -18℃ 的低温箱中冻结 16 h，然后取出来称重。随后，将试件放入温度为 20℃ 的水中融化，融化时间设置为 8 h。融化完成后，再次对试件进行称重，至此完成一轮冻融循环。接下来，将试件重新放回低温箱中，开始下一轮冻融循环。这个过程重复进行，直到完成总共 10 次的冻融循环。然后待冻融循环结束后测定它们的质量损失率（$m_损$）和强度损失率（$P_损$），计算公式如下：

$$m_损 = \frac{m_原 - m_后}{m_原} \times 100\%$$

$$P_损 = \frac{p_原 - p_后}{p_原} \times 100\%$$

式中：$m_原$——试验前试件的质量；

$m_后$——试验后试件的质量；

$p_原$——试验前试件的无侧限抗压强度；

$p_后$——试验后试件的无侧限抗压强度。

（2）冻融循环试验结果。在水泥用量相同的条件下进行了 10 轮冻融循环试验，结果显示，龄期为 28 d 和 90 d 的试件比较，90 d 的试件在质量损失率和抗压强度损失率上都低于 28 d 的试件，这表明随着龄期的延长，试件的抗冻性得到了增强。同样，在龄期相同的条件下，随着水泥用量的增加，试件的质量和强度损失率都有所减少，这说明水泥用量的增加能够提升试件的抗冻性。

提升水泥用量对于水泥稳定再生骨料基层混合物而言具有显著的优化效果。这一操作不仅能够有效增强试件的整体强度，还能通过降低试件内部的孔隙率减轻孔隙中水分结冰时对试件结构造成的压力，显著降低材料破损的可能性。此外，随着试件龄期的延长，水泥中尚未反应的成分会继续进行水化反应，这一过程进一步强化了试件的结构，降低了其内部空隙率，从而增强了试件对抗冻融循环的能力。

在工程实践中，通过精确控制水泥添加量及充分利用水泥的后期水化潜力，即适当增加水泥剂量并延长材料的养护龄期，能够显著提升水泥稳定再生骨料基层混合物的抗冻性。这一策略不仅能保证道路基层的稳定性和耐久性，还有助于提高道路工程的整体性能和使用寿命。

因此，在设计和施工水泥稳定再生骨料基层时，综合考虑水泥添加量和混合物养护龄期的优化是确保材料抗冻性能和工程质量的重要措施。这种方法在提高基层材料性能的同时，也体现了对资源的高效利用和对环保的贡献，是现代道路建设中一项重要的技术应用。

4. 抗冲刷性能

（1）抗冲刷试验步骤。抗冲刷性能测试应在试件养护 28 d 之后进行。首先，对充分饱和的试件进行测重，记录其质量。然后，将试件安置在冲刷桶内，并确保该冲刷桶稳固地放置在试验机上。随后，向桶中加入清水，水位需高于试件顶面大约 5 mm。调整试验机和相关参数，包括设定不同的冲刷时长（5 min、10 min、15 min、20 min、25 min、30 min），然后开始执行冲刷测试。测试完成后，将试验过程中沉淀的冲刷物取出，放入烘箱中烘干，并再次测量其质量。

（2）抗冲刷试验结果。

①水泥稳定基层的抗冲刷能力会受到多种因素的影响，包括骨料粒径的分布、混合物内部的孔隙率、骨料的抗压强度、颗粒间的粘附力以及混合物中细小颗粒的比例等。

②在水泥用量相同的条件下，初期冲刷量的增长较快，但随着冲刷时间延长，其增速逐渐放缓，并最终达到稳定状态；同时，在相同的冲刷时间下，随着水泥用量的增加，冲刷量会减少。这是因为更多的水泥用量提升了试件的强度，从而增强了其抗冲刷能力。观察冲刷后的试件表面会发现表面变得粗糙，这主要是由于冲刷过程中细小骨料被冲走，导致粗大骨料露出，破坏了试件的内部结构。为了提高水泥稳定再生骨料基层混合物的冲刷性能，增强细骨料与粗骨料之间的黏结力、控制细骨料含量以及适量增加水泥用量等措施是有效的。

三、试验路段的观测与评价

（一）试验路段的铺筑

试验路段位长 90 m，所用原材料如下：

1. 水泥

使用普通硅酸盐水泥，其性质符合规范要求。

2. 骨料

采用工厂化生产流程制备再生骨料，该过程从水泥混凝土路面的回收开始，首先将其破碎成较小的块状物料。接着，这些碎块物料经过去除杂质、筛选以及进一步破碎等多个阶段处理，确保获得的再生骨料能满足质量和尺寸的标准要求。这种工厂化的生产方式不仅提高了再生骨料的生产效率和质量控制的精准度，还保证了最终产品能够符合相关的工程标准和规范，适用于各种建筑和道路工程的需求。

（二）施工配比确定及施工过程

1. 施工配比的确定

基层材料采用的配比是：10 ~ 30 mm 的碎石、10 ~ 20 mm 的碎石和石屑按照 10 ：45 ：45 的比例混合，同时加入 5.0% 的水泥作为稳定剂。为了确保混合物具有最佳的工作性能，其最优含水率定为 9.4%，而通过压实实验确定的最大干密度为 2.215 g/cm³。在实际施工过程中，为了达到理想的压实效果和确保材料性能，需要将压实度控制在 98% 以上，这有助于提高基层的承载力和耐久性，确保道路基础的稳定和长久使用。

2. 施工过程

在进行道路基层施工前，确保下承层的准备工作、施工放样和拌和工序的精确执行至关重要。以下步骤概述了这三个关键环节的详细操作流程：

（1）下承层的准备。施工前首先进行自检，确保路床顶部标高的准确性，并彻底清除表层杂物，保障下承层表面的清洁和平整。

紧接着在下承层表面均匀喷洒适量的水，以使其表面处于适度湿润状态，有助于提高后续基层材料与下承层的结合力。

（2）施工放样。在土基面上精确恢复道路的中线，确保直线段每隔 15 ~ 20 m 设置一个标桩，而在平曲线段每隔 10 ~ 15 m 设置一个标桩，以保持施工的准确性。

在路肩两侧放置标记有设计高度的指示桩，作为施工高度的参考，确保基层厚度和坡度符合设计要求。

（3）拌和过程。采用工厂内的专业拌和机械对基层材料进行集中拌和，拌和前需对拌和设备进行彻底的检查和调试，保证设备的正常运行。

检验混合料的粒度分布、含水率以及水泥用量等关键指标，确保其符合设计规范。如发现任何参数偏差，必须立即对拌和设备进行调整，确保混合料能够达到预期的性能标准。

（4）运输和摊铺。混合料需要在开始凝固之前被运送至施工地点，因此，应对运输车辆的数量和每车的载量进行周密的规划，以保障施工过程的不间断。此外，铺设混合料之前，下层表面应进行浇水处理以保持湿润，而摊铺工作也需要保持流畅连续进行。

在水泥稳定碎石基层的施工过程中，碾压作业是确保基层密实度和平整度的关键步骤。施工前应调整基层的含水率，使其略高于或等于最佳含水率。碾压的基本原则是先利用轻型压路机进行初碾，然后使用重型压路机加强压实，自路肩向中心逐步推进。在整个碾压过程中，将压路机的行驶速度控制在 1.5 ~ 2.2 km/h，避免在碾压区域内掉头或紧急制动，以防损坏新铺设的基层表面。

为应对高温天气导致的水分快速蒸发，碾压前应对基层表面进行适量喷水，以保持必要的湿度。碾压期间，应持续检查路面的平整度和紧实度，一旦发现问题应立刻采取补救措施，必要时需更换混合料并重新平整，确保基层达到预定的技术标准。

接缝处理方面，同一施工日内相邻的两段工作应采用搭接方式衔接，以增强基层的整体性和连续性，避免产生纵向接缝或斜接缝。

养生工作是基层施工的最后一道工序，质量检查合格后应立即采取养生措施。通常使用直接喷洒透层油进行封层养生，有效防止水分蒸发和基层干裂。养生期间，除必要的施工车辆外，禁止其他车辆通行，以免损害尚未完全固化的基层。

以上施工流程的严格执行对确保水泥稳定碎石基层的质量和道路工程的长期耐用性至关重要。

3. 试验路段的观测及评价

观测工作应在试验路段的铺设开始前启动，并持续至铺设作业结束，其中重点监测基层的早期强度变化。为研究水泥稳定再生骨料基层的强度增加趋势，并确保试验路段达到规范强度要求，基层铺设并养护 7 d 后，应在试验路段的不同标志点进行钻芯样本的采集，随后测试这些样本的无侧限抗压强度。

在对比水泥稳定再生骨料钻芯取样的实测强度与室内试验结果时，发现试验路段中钻芯的强度高于室内试验测得的抗压强度。对这一现象的分析揭示了两个主要因素的影响：首先，试验路段施工时的外部温度高于室内试验环境的常规温度，这使同一养护龄期下，室外试件的无侧限抗压强度超过了室内试件。温度的提高加速了水泥的水化反应，从而在相同的养护时间内提升了试件的强度。其次，实际施工中使用的水泥剂量为 5%，相较于室内试验中使用的 4.5% 的水泥剂量，增加的水泥含量有利于进一步增强试件的抗压能力。水泥含量的增加改善了混合料的胶结特性和整体密实度，从而提高了最终试件的强度。这些因素的共同作用解释了现场钻芯强度高于室内试验值的现象。

第三节　水泥钢渣土应用于公路底基层的试验研究

一、钢渣概述

钢渣是钢铁冶炼过程中的副产品，随着钢铁产量的增加，钢渣的产生量也在持续增加。合理利用钢渣不仅能够减少环境污染，还能为工业生产提供新的资源。

（一）钢渣的成分和分类

钢渣主要由钙、铁、硅、镁、铝等元素的氧化物组成，具体成分则根据不同的钢铁生产工艺而有所差异。一般而言，钢渣可以分为转炉钢渣、电弧炉钢渣和炼铁渣等类型。

（二）钢渣的特性

1. 物理特性

钢渣的物理特性主要包括颗粒大小、密度、硬度和磁性等。钢渣颗粒通常具有不规则的形状，大小不一，密度较大，硬度高于普通天然骨料，具有一定的磁性，这些特性使钢渣在一些特定应用中具有优势。

2. 化学特性

钢渣中含有大量的氧化钙和氧化硅，还有氧化铁、氧化铝等成分。这些化学成分使钢渣具有良好的碱性，可以作为调节土壤酸碱度的材料。同时，钢渣中的金属氧化物还能参与一系列化学反应，为其在水泥和混凝土制备中的应用提供了可能。

（三）钢渣对环境的影响

未经处理的钢渣如果随意堆放，会对土地和水体造成污染。钢渣中的一些重金属元素可能会渗透到地下水中，对人类健康造成威胁。因此，钢渣的处理和利用受到了广泛关注。

（四）钢渣的利用途径

1. 作为建筑材料

钢渣经过处理后，可以用作混凝土的骨料，或者用于道路、桥梁建设中。钢渣的高硬度和耐磨性使其在这些领域表现出色。

2. 用在水泥制备中

钢渣中的氧化钙和氧化硅成分可以作为水泥熟料的原料，通过一定的工艺处理，钢渣可以用于生产水泥，提高水泥的强度和耐久性。

3. 用作土壤改良剂

钢渣的碱性可以用来调节酸性土壤的 pH 值，促进植物生长。

4. 回收利用金属资源

通过磁选等方法，可以从钢渣中回收铁和其他有价值的金属，实现资源的再利用。

（五）钢渣的经济效益

合理利用钢渣不仅可以减少环境污染，降低废弃物处理成本，还可以替代部分自然资源，降低原材料成本，具有良好的经济效益。

钢渣作为一种工业副产品，通过科学的处理和合理的利用，不仅能够减轻对环境的影响，还能为工业生产和建设提供新的材料资源。未来，随着技术的进步和环保意识的增强，钢渣的高值化利用将成为可持续发展战略的重要组成部分。

二、水泥钢渣土研究方案设计

水泥钢渣土作为一种新兴的建筑材料，利用水泥作为稳定剂，钢渣作为骨料，与土壤混合以改善土壤性能，适用于道路基础、填土和斜坡防护等多种工程场合。该研究方案旨在系统地探索水泥钢渣土的性能，为其工程应用提供科学依据。

（一）研究目的

（1）评估水泥钢渣土的物理和力学性能。

（2）探索不同配比下水泥钢渣土的最优性能。

（3）研究水泥钢渣土的环境影响和持久性能。

（二）材料选择

1. 钢渣

选择工业生产过程中产生的钢渣，通过筛分、磁选和处理以确保其满足质量要求。

2. 水泥

采用普通硅酸盐水泥作为稳定剂，提高混合土的强度和稳定性。

3. 土壤

选用代表性土壤样本，考察水泥钢渣土对不同类型土壤的适用性和改良效果。

（三）实验设计

1. 物理性能测试

包括颗粒大小分布、密度、孔隙率等基本物理指标的测定，评价水泥钢渣土的基础物理特性。

2. 力学性能测试

进行抗压强度、抗剪强度、弹性模量等力学性能的测试，以评估水泥钢渣土的承载能力和稳定性。

3. 配比优化实验

通过改变水泥和钢渣在混合土中所占的比例，找出最优配比，以使材料达到最佳的力学性能。

4. 环境影响评估

研究水泥钢渣土对环境的潜在影响，包括重金属溶出性测试和pH值变化，确保材料的环境友好性。

5. 耐久性能测试

通过冻融循环、湿热循环等试验，评估材料在不利环境条件下的性能变化，确定其长期使用的可靠性。

（四）数据分析

应用统计学方法对实验数据进行分析，包括方差分析、相关性分析等，以确保实验结果的准确性和可靠性。

（五）研究成果应用

根据研究结果，编制水泥钢渣土的应用指南，为工程设计和施工提供参考。

推广水泥钢渣土在道路建设、土壤改良和环境工程中的应用，促进资源回收利用和环境保护。

通过系统的研究和实验验证，全面评价水泥钢渣土的性能，为其在土木工程中的应用提供坚实的科学基础，同时推动工业废弃物的资源化利用，为可持续发展的实践做贡献。

三、水泥钢渣土混合料的力学性能研究

（一）水泥水化产物与钢渣间的反应

1. 火山灰反应

钢渣粉的活性主要源于氧化硅和氧化铝。这两种成分在碱性条件下能够溶解，并且在液固界面或者液相中与钙离子（Ca^{2+}）发生化学反应，触发类似火山灰的反应。这一过程产生了具有胶结特性的水化硅酸钙和水化铝酸钙等水硬性化合物。

2. 钢渣对水泥土性能的改善机理

在水泥土改良工程中引入细钢渣，不仅优化了水泥土的微观结构，还激发了水泥土中潜在的化学反应，这两方面的作用共同增强了水泥土的工程性能，尤其是在提高密实度和抗裂性方面表现显著。

（1）形态效应的优化。向水泥土中加入适量的细钢渣，可以有效利用钢渣颗粒的形态特性来填充水泥土中的微小空隙。这种物理填充作用不仅增加了混合体的紧密度，还通过减少水泥土在硬化过程中的干缩现象显著提升了其抗裂能力。钢渣颗粒的不规则形状和粗糙表面增加了混合体的内聚力，使水泥土基层更加稳定，降低了因干燥而引起的裂缝风险。

（2）活性效应的激发。钢渣中的活性成分，如二氧化硅和氧化铝，在与水泥水化反应产生的氢氧化钙相遇时，促进了二次水化反应，生成了更多的水化硅酸钙（C—S—H）和水化铝酸钙（C—A—H）。这些新形成的化合物填充在水泥糊体的微孔中，进一步降低了混合物的孔隙率，提高了结构的密实度和力学强度。此外，这种化学反应还有助于锁定混合体中的自由水，减少水分流失，从而提高了水泥土的耐久性。

（3）综合效应。综合形态效应和活性效应的双重优势，细钢渣的加入不仅从物理上提高了水泥土的紧密度，还从化学上增强了混合体的结构稳定性。这种改良方法为水泥土提供了更好的抗裂性和耐久性，使其成为道路、机场跑道、堤坝和其他土木工程的理想基层材料。

（4）微骨料效应。钢渣颗粒在水泥糊中与水泥颗粒均匀分散，既防止了水泥颗粒之间的紧密结合，从而增强了水泥糊的流动性；同时，这种分布促使水分更容易渗透进入，加速了混合物内部的水化过程。这样的隔离效果不仅改善

了混合料的工作性，还促进了其硬化过程。

（二）水泥钢渣土的压实试验

此方法旨在使用特定的试筒对未水化的水泥稳定土、石灰稳定土，以及石灰（或水泥）与粉煤灰稳定土进行压实试验。通过这种试验，可以绘制出稳定土的含水率与干密度的关系曲线，进而确定最佳含水率和最大干密度。这一步骤为后续试验的进行奠定了基础。

（三）无侧限抗压强度试验

在评估无机结合料稳定材料，特别是水泥钢渣稳定土的性能时，无侧限抗压强度是一个关键的测试指标，用于指导配比设计和控制施工质量。通过综合分析不同水泥用量和钢渣掺量配比试件的实验结果，可以得出以下结论：

1. 水泥水化和钢渣反应对强度的贡献

随着养护时间的增加，所有试件的无侧限抗压强度均呈现增加趋势，这主要得益于水泥水化反应的进行，以及钢渣中活性成分与水泥水化产物的相互作用。水泥水化产生的水化硅酸钙和水化铝酸钙填充在微孔中，结合钢渣的火山灰反应，共同增强了混合料的密实度和结构完整性。

2. 钢渣掺量对强度的影响

实验表明，在相同水泥用量条件下，加入钢渣的试件相比未加钢渣的试件具有更高的抗压强度。钢渣不仅提供了额外的活性成分参与化学反应，还通过物理填充作用提高了混合料的紧密度。适当比例的钢渣掺量能够促进更多的水化反应产物形成，增强土体间的结合力，从而提高混合土的整体强度。

钢渣掺量的优化。钢渣掺量的增加对无侧限抗压强度有显著影响，但存在一个最优范围。在不同水泥用量的配比中，钢渣掺量过多或过少都可能导致强度表现不佳。早期阶段，较低比例的钢渣掺量（约20%）能显著提升材料的强度，而随着养护时间的延长，略高比例的钢渣掺量（约40%）表现出更优的强度特性。这表明，适度的钢渣掺量能有效地提升水泥土的力学性能。

在实验条件下，保持水泥含量固定时，一旦钢渣添加超过某个量级，稳定土的水泥量将不足以完全促进钢渣中的火山灰反应活性。结果是，那些未充分反应的钢渣颗粒散布于基体材料中，可能导致内部缺陷增加，进而对材料的强度表现产生负面影响。

通过上述分析可以看出，水泥钢渣稳定土的强度不仅受到水泥用量和养护龄期的影响，还受到钢渣掺量的显著影响。合理的水泥和钢渣配比，以及对养护条件的控制，对于实现高强度、高耐久性的水泥钢渣稳定土至关重要。这些发现为工程实践中水泥钢渣稳定土的应用提供了重要的指导意义，有助于优化配比设计，确保施工质量，同时促进工业废弃物的资源化利用，实现可持续发展的目标。

（四）劈裂抗拉强度实验

劈裂抗拉强度是衡量材料抗拉性能的重要指标，特别是在评估混凝土、水泥稳定土等材料的性能时，具有十分重要的作用。通过对不同配比混合料进行劈裂抗拉强度测试，可以分析其对材料抗裂能力的影响，从而为工程设计和施工提供科学依据。

1. 材料抗裂能力的影响因素

（1）水泥用量。水泥用量是影响劈裂抗拉强度的关键因素之一。适量增加水泥用量可以提高混合料的凝结强度，从而提升其抗裂能力。然而，过量的水泥用量会导致混合料干缩增大，反而降低其抗裂性能。

（2）材料配比。混合料中各组分所占的比例直接影响材料的整体性能。钢渣、石灰石粉等添加剂的适量加入可以改善混合料的微观结构，增加其密实度，进而提高劈裂抗拉强度。

（3）养护条件。材料的养护条件，特别是养护湿度和温度，对其劈裂抗拉强度有显著影响。良好的养护条件有利于水泥等胶结材料发生充分的水化反应，促进强度的提高。

2. 劈裂抗拉强度的实验观察

通过对不同配比混合料进行劈裂抗拉强度测试，可以得出以下几点结论：

（1）龄期的影响。随着养护龄期的增加，混合料的劈裂抗拉强度呈现上升趋势。这主要得益于随养护时间的延长，混合料内部的水化反应更加完全，微观结构更加致密。

（2）添加剂的效应。添加剂如钢渣的引入，能够有效提高混合料的劈裂抗拉强度。这是因为钢渣等添加剂不仅作为物理填充材料提高了混合料的密实度，还因其化学成分参与了二次水化反应增强了材料的胶结力。

（3）水泥用量的双重效应。适宜增加水泥用量可以显著提高混合料的劈裂抗拉强度，但过高的水泥用量可能因干缩效应而降低材料的抗裂能力。

对劈裂抗拉强度测试结果的分析表明，通过优化水泥用量、调整材料配比和保证良好的养护条件，可以显著提升水泥稳定土等材料的抗裂能力。在工程应用中，应综合考虑这些影响因素，合理设计混合料配比，以得到既具有高强度又具备良好抗裂性的工程材料。此外，适量添加钢渣等工业副产品不仅能提高材料性能，还有助于资源回收利用和环保，是未来材料研究和应用的重要方向。

（五）抗压回弹模量试验

抗压回弹模量试验是评估混合土类材料和水泥稳定土性能的重要手段，其结果直接反映了材料的弹性模量和承载能力。通过系统的试验结果分析能够深入理解材料在受力后的弹性恢复性能及其对工程结构稳定性的贡献。

1. 试验结果的主要发现

（1）龄期对抗压回弹模量的影响。随着养护龄期的延长，混合土的抗压回弹模量普遍呈现增加趋势。这一变化主要是由于水泥及其他无机胶结材料的持续水化反应，这些反应随时间延长而不断深入，形成的水化产物增多，使混合土的结构更加紧密和稳固，从而提高了其抗压回弹模量。

（2）水泥掺量对抗压回弹模量的影响。增加水泥掺量会显著提升混合土的抗压回弹模量，这主要是因为更多的水泥提供了更多的水化产物，加强了混合土的黏结和紧密度。然而，超过一定比例后，抗压回弹模量的增幅会减缓，甚至出现负增长，这可能是由于过高的水泥用量会引起干缩裂缝等负面效应。

（3）掺和料对抗压回弹模量的影响。添加如钢渣等掺和料能进一步提高抗压回弹模量。钢渣等材料不仅增加了混合土的紧密度，还可能因其独特的化学成分参与水化反应，形成新的水化产物，从而提高材料的弹性模量。

2. 试验结论与工程应用

通过对抗压回弹模量试验结果的分析，可以得出以下结论：

适当增加水泥掺量并合理调配掺和料，可以有效提高水泥稳定土的弹性模量，增强其承载能力和耐久性。

养护龄期的延长对提高材料的抗压回弹模量具有积极作用，但在工程实践中需要平衡材料强度的发展和工程进度的要求。

在设计水泥稳定土等基层材料时，应充分考虑水泥掺量和掺和料的选择，以及养护策略，以确保材料能够达到预期的性能。

综上所述，深入分析抗压回弹模量试验结果可以为水泥稳定土等基层材料的设计和施工提供科学依据，帮助工程师优化材料配比，确保工程结构的稳定性和长期性能。此外，合理利用工业副产品如钢渣等掺和料，不仅可以提升材料性能，还能实现资源的高效利用，符合绿色建筑和可持续发展的理念。

四、水泥钢渣土混合料的收缩性能研究

（一）干燥收缩性能研究

1. 干燥收缩机理

干燥收缩是水泥基材料在失水过程中体积缩减的现象，这一过程在混凝土和水泥稳定土等材料的固化和养护阶段尤为明显。干燥收缩不仅与材料的初始含水率有关，还受到环境条件、材料成分以及微观结构等多种因素的影响。

（1）水分蒸发引起的体积缩减。随着水泥基材料中水分的逐渐蒸发，材料内部孔隙中的毛细水被消耗，导致孔隙结构发生变化，进而引起整个材料体积缩减。

（2）毛细张力作用。水分在孔隙蒸发的过程中会产生毛细张力，这种张力使孔壁之间的距离缩小，进一步加剧了体积收缩。

（3）化学收缩。水泥水化反应过程中，水化产物的体积小于反应前原材料的总体积，这种化学反应导致的体积减少也是导致干燥收缩的一个因素。

（4）微观结构调整。随着水分的不断流失，水泥基材料内部的微观结构会重新排列和调整，尤其是水化产物的密集化也会导致宏观上的体积收缩。

（5）环境条件。温度、湿度和风速等环境条件直接影响材料中水分蒸发的速率，从而影响干燥收缩的程度。

（6）材料成分。水泥类型、掺和料的种类和用量、骨料的性质等均会对干燥收缩产生影响。

（7）养护条件。养护制度（如养护时间、湿度和温度等）也会对干燥收缩产生重要影响。

干燥收缩的控制对于保障水泥基材料的耐久性和使用性能至关重要，通过优化材料配比、改善养护制度和采取适当的防裂措施，可以有效减少干燥收缩带来的负面影响。

2. 试验设计

（1）选择材料组合与配比。为了深入探究收缩性能的变化规律，选择了特定的配比进行实验研究。目的是通过对水泥剂量和钢渣掺量的精确调整来分析它们对收缩性能影响的具体影响。经过初步筛选，共确定使用 6 种不同的配比进行收缩性能的测试：

配比 1：水泥用量固定为 4%，同时钢渣掺量设定为 40%。

配比 2 ~ 5：在水泥用量为 6% 的条件下，钢渣掺量分别调整为 0%、20%、40% 和 60%，以便观察钢渣掺量变化对收缩性能的影响。

配比 6：将水泥用量提高到 8%，钢渣掺量则保持 40%，旨在探究更高水泥用量下钢渣掺量对收缩性能的影响。

这样的配比设计有助于综合评估水泥用量和钢渣掺量对材料收缩性能的影响，进一步明确改善收缩性能的可能路径。通过这些精心设计的试验，期望能够揭示不同配比下材料收缩性能的差异，为控制混合土材料的收缩性能提供科学依据，并优化材料配比，提高工程材料的应用性能。

（2）试件的制作与养生。在本次研究中，采用的试件为 5 cm × 5 cm × 24 cm 的小型梁规格。这些试件按照最佳含水率和最大干密度参数制备，并在 95% 的压实度条件下通过静力压实法完成。为了确保试件的养护环境符合实验要求，设置了一个特定的湿养生环境，其中温度维持在（20 ± 2）℃，相对湿度保持在 90% 以上的水平。试验的养生期总计为 7 d，期间试件接受恒定的湿养生处理，但在养生的最后一天不进行浸水养生，以模拟实际环境中可能出现的变化。此养生策略旨在模拟实际工程中材料可能面临的环境条件，从而更准确地评估材料的收缩性能及其对环境变化的适应性。

（3）试件测试。将在标准养生条件下经过 7 d 养生的试件转移至干缩测量设备上进行自然干燥，目的是在常温和自然相对湿度的环境中进行干缩测试。试件的干缩变化量通过装置端部的百分表定期进行记录。为了精确估算干缩试件的平均水分蒸发损失量，采取了测量同条件下养生的另一组备用试件的水分蒸发量的方法，并以此作为干缩试件的平均水分损失的参考值。这个测量过程每天执行一次，持续至试件的含水率不再发生变化且干缩测量数据基本保持稳定，这一阶段通常需要大约 15 d 的时间。此方法不仅能够有效监测材料的干缩性能，还能通过对水分损失的监控深入了解干缩过程中材料性能的变化，为混合材料的性能评估和改进提供重要的数据支持。

3. 试验结果及分析

（1）几种混合料试件干缩性能变化规律。混合料试件的干缩性能是评估其应用潜力和稳定性的重要指标。通过对不同配比混合料试件进行干缩性能测试揭示其变化规律，进而为材料设计和工程应用提供指导。以下是基于实验观察到的几种混合料试件干缩性能的变化规律：

①水泥含量的影响。水泥含量与干缩量的关系：增加水泥含量能够提升混合料的早期强度，但同时会增加材料的干缩量。这是因为水泥含量的增加会导致更多的水化反应发生，从而在固化过程中产生更多的毛细孔隙，增加了材料在干燥过程中水分蒸发的潜在空间。

②钢渣添加量的影响。钢渣掺量对干缩量的影响：适量添加钢渣可以减少混合料的干缩量。钢渣作为一种粒度较大的材料，其加入可以改善混合料的整体密实度，并通过其内部的活性成分促进二次水化反应，形成更多的胶结物质，从而有效减少干缩量。

③养护条件的影响。养护条件对干缩性能的影响：养护条件，特别是养护期间的湿度和温度，对混合料的干缩性能有显著影响。适宜的养护条件可以促进水泥充分水化，形成致密的微观结构，减少干缩裂缝的产生。

（2）干缩动态变化规律。干缩变化的时间依赖性：混合料试件的干缩通常在养护初期较为显著，随着养护时间的延长，干缩速率逐渐减缓，最终趋于稳定。这一变化规律表明，混合料的干缩主要受早期水分蒸发和水化反应的影响。

综上所述，通过对不同水泥含量和钢渣掺量的混合料试件进行干缩测试，可以发现混合料干缩性能的变化规律主要受水泥含量、钢渣添加量以及养护条件的共同影响。在材料设计和工程应用中，通过优化水泥和钢渣的配比，以及控制合适的养护条件，可以有效改善混合料的干缩性能，提高其工程稳定性和耐久性。这些发现对于指导实际工程中的材料选择和施工管理具有重要意义。

（二）温度收缩性能研究

1．温度收缩机理

无机结合料稳定材料的体积变化特性，特别是温度下降导致的收缩现象，主要由材料中的固相和液相的变化及它们之间的相互作用决定。由于气相通常与大气直接相通，其对材料体积变化的影响相对较小，因此在分析材料收缩行为时通常不考虑气相的作用。

（1）固相的作用。固相包括构成材料空间框架的原料颗粒以及这些颗粒之间的胶结体。这个框架提供了材料的基本结构和强度。温度下降时，固相颗粒和胶结体因热收缩效应而导致体积缩小。骨架和胶结材料的热膨胀系数不同，温度变化引起的收缩率也会有所不同，从而影响整个材料的体积变化。

（2）液相的作用。液相主要是指填充在材料固相表面和空隙中的水分和溶液。温度降低导致液相中水分的体积收缩，特别是材料中的毛细水和结合水在热动力学作用下体积显著减小。此外，温度下降还可能导致水分从材料中迁移和蒸发，进一步减少液相的体积。

（3）固相与液相的相互作用。固相和液相之间的相互作用对材料的体积变化也有显著影响。随着温度的降低，不仅固相和液相自身发生收缩，它们之间的相互作用（如水化反应的进程、水分在固相表面和空隙中的分布和迁移）也会发生改变。水化反应可能因温度变化而减缓，影响水化产物的形成和分布，进而影响材料的整体体积变化性质。

综上所述，无机结合料稳定材料在温度下降时发生的收缩，是由固相的热收缩、液相的体积减少以及二者之间相互作用的综合效应导致的。理解这些作用机制对于控制和优化混合料的性能具有重要意义，尤其是在温度变化频繁的环境条件下。

2．试验设计

温缩试验在温度控制箱内进行，试验装置同干缩试验。测试从正温开始，温度变化范围 -20 ~ 40 ℃，采用一定的温度间隔逐渐降温，每次达到预定的温度后，恒温 2 ~ 3 h，使试件内部温度与环境温度保持一致，然后读取百分表读数，测定收缩量。

3．试验结果及分析

在研究无机结合料稳定材料的温缩性能时，可以通过细致的温度区间分析发现混合料温缩变形与温缩系数随温度变化的具体规律。以下是对温缩性能变化规律的概述和影响因素的分析：

（1）温度变化对温缩性能的影响。高温区间的温缩变形（由 40 ℃降至 30 ℃）：在此温度区间内，混合料显示出显著的温缩变形，温缩系数急剧增加。这可能是因为在较高温度下，水分蒸发加快，导致材料快速失水和体积缩减。

中温区间的温缩性能（由 30 ℃降至 10 ℃）：随着温度的进一步降低，虽然温缩变形仍然较大，但温缩系数的增加速度有所减缓。这表明，尽管温度下降导致材料继续收缩，但收缩速率开始减慢。

低温区间的变化（由 10 ℃降至 0 ℃）：在接近冰点的温度下，混合料的温缩变形逐渐减少，温缩系数下降，反映出在低温下材料收缩趋于稳定。

极低温区间的性能（由 0 ℃降至 -20 ℃）：当温度进一步降低时，混合料的温缩变形变得非常小，温缩系数与温度的关系几乎呈直线，表明在极低温度下，混合料几乎不再发生显著的温缩变形。

（2）其他影响因素分析。具体有以下三种影响因素：

①钢渣掺量的影响：钢渣的掺入是影响混合料温缩性能的主要因素之一。适量钢渣能有效降低混合料的整体温缩系数，这主要得益于钢渣较低的温缩系数及其对混合料微观结构的改善作用。

②水泥用量的影响：虽然水泥含量的增加会增强混合料的初始结构强度，但其对温缩系数的影响相对较小，这主要是因为温缩性能更多受到材料内部微观结构变化的影响。

③矿物颗粒大小的作用：较大颗粒如砂粒级别的矿物展现出相对较低的温缩性，而较小颗粒特别是黏土矿物由于具有较高的表面能和扩散层厚度，表现出更显著的温缩性。

混合料的温缩性能受到温度范围、钢渣掺量以及材料内部固相颗粒特性的综合影响。适当控制钢渣掺量和考虑材料内部微观结构对温缩的贡献，可以优化混合料的温缩性能，提高其在不同环境条件下的适应性和工程稳定性。

第四节　建筑垃圾及工业固废应用于路面面层的研究

一、再生骨料透水混凝土在海绵城市中的应用

（一）海绵城市概述

1. 海绵城市简介

海绵城市是一种先进的城市雨水管理理念，它强调城市应具备优良的"适应性"和"恢复力"，以应对环境变化和自然灾害，尤其是雨水造成的影响，

因此也被称作"水弹性城市"。这一概念在国际上被称为"低影响开发雨水管理系统"。其核心是在降雨期间能够实现雨水的吸纳、存储、渗透和净化,而在需要使用水资源时能够"释放"存储的水并加以有效利用。

海绵城市的材料凭借出色的渗透性、抗压能力、耐磨性、防滑特性以及环保、美观多样、舒适、易于维护和吸音降噪等优点,在城市景观设计中扮演了重要角色,使城市路面变成了能"呼吸"的生态景观。这不仅有效减轻了城市热岛效应,还确保了城市路面不会过热,为城市带来了更舒适的生活环境。

2. 建设海绵城市遵循的原则

建设海绵城市时,首要任务是保护和优化生态环境。结合自然过程和工程措施,在保证城市排水和防洪系统不受影响的前提下,最大限度地实现城区雨水的收集、吸收和净化。这样做旨在提高雨水资源的循环利用效率,同时加强对生态环境的保护。海绵城市的建设并非旨在彻底替换现有的传统排水系统,而是旨在为现行系统"减负"并提供有效补充,以发挥城市区域的自然处理能力。构建海绵城市需综合考虑自然降水、地表水、地下水等各个方面,实现水资源循环利用各个环节之间的协调,同时兼顾项目的复杂性和长期性。

3. 海绵城市的设计理念

在推进海绵城市的建设中,首要任务是改变传统的城市建设观念。在常规的城市规划中,硬质铺装遍布,遇到暴雨时主要依赖"灰色"基础设施如排水管道和泵站来实现水的排除,以"快速排水"和"集中处理"作为核心的规划和设计原则,这常常导致城市容易发生积水灾害,极易出现旱涝交替的极端情况。然而,《海绵城市建设技术指南——低影响开发雨水系统构建(试行)》提出了新的建设理念,即优先采取"绿色"措施如植草沟、雨水花园和下沉式绿地等进行水的管理,以"慢排缓释"和"源头分散"作为主导的规划设计理念,这不仅有效避免了洪涝灾害,还能够有效地回收和利用雨水资源。

(二)透水混凝土

1. 再生骨料透水混凝土概念

再生骨料透水混凝土是指以回收的废旧混凝土作为主要粗骨料,通过水泥等胶结材料的黏结力制成的具有连续孔隙结构的透水性混凝土。具体而言,这种混凝土是通过将破碎、清洗并筛分后符合性能要求的再生粗骨料,与水泥、粉煤灰等胶结材料混合,并添加适量的水促使胶结材料进行水化反应,借助水泥的水化效果实现混合材料的凝结和硬化而制成的材料。

再生骨料透水混凝土被视为一种"独特的混凝土",其独特之处不仅在于其使用的原材料,还包括其卓越的透水功能。尽管再生骨料的较低强度等特性限制了其使用范围,但它在道路建设中却有广泛的应用前景,特别是在非机动车道和一些低强度要求的路面。这为再生骨料找到了一条有效的利用途径。与此同时，随着对环境保护意识的加强和海绵城市理念的提出，道路建设面临新的挑战。除了必须具备传统的抗压、抗折和耐久性能，道路材料还应具备良好的透水性，以促进雨水的收集和自然资源的高效利用，从而实现资源节约和环境友好的目标。

再生骨料透水混凝土具备多个显著优点，包括：

（1）环境友好。利用废弃的混凝土材料，减少了垃圾填埋量和天然资源的消耗，符合可持续发展和环境保护的理念。

（2）透水性能好。能有效促进地表水的渗透，有助于地下水的补给，减轻城市排水系统的压力，同时缓解城市热岛效应。

（3）经济效益好。使用再生材料可降低材料成本，同时减少废弃物处理费用，具有良好的经济效益。

（4）结构稳定。尽管再生骨料的强度可能低于传统骨料，但通过适当的工艺和技术处理，透水混凝土仍然可以满足城市建设结构和功能要求。

（5）节水和资源回收。透水功能有利于雨水的收集和利用，减少了对城市供水系统的依赖，促进了水资源的循环利用。

（6）适应性强。可根据不同的工程需求调整原料的混合比例和工艺参数，以达到预期的性能要求，适用于各种类型的道路和广场建设等。

这些优点使再生骨料透水混凝土成为未来城市建设中重要的绿色建材选择之一。

评价新拌混凝土的施工性能通常依靠测定其坍落度。标准混凝土的坍落度通常设定在 50 ~ 70 mm，然而，使用再生骨料的混凝土坍落度可能会有所不同，这种差异需要通过特定的试验加以确认。在应用于道路铺装的再生骨料透水混凝土方面，其在固化后的性能评价包括抗压强度、抗折强度和冻融循环耐性等关键的耐久性参数。透水性作为透水路面材料的一个重要特性，其优良的水渗透性能是确保有效水管理的关键。因此，用于铺设道路的再生骨料透水混凝土需要符合相关技术规范的所有性能标准。

2. 再生骨料透水混凝土配比研究

（1）初步配比的确定方法。再生骨料透水混凝土由回收的粗细骨料、水泥、水，以及必要时添加的外加剂组成，形成了一种具有独特蜂窝状结构的透水材料。尽管存在多种混凝土配比的计算方式，但再生骨料的形态与理想的球形相去甚远，使传统的以球形为基础计算比表面积的方法变得不再适用。在设计这类透水混凝土的配比时，其透水性功能需被重点考量，这通过设置一个核心参数（目标孔隙率）来实现，以确保混凝土的透水能力符合预定的设计标准。

在设计配比过程中，水胶比扮演着至关重要的角色。它不仅直接关系混凝土的强度特性，还对其透水性有显著的影响。然而，混凝土的强度和透水性之间的平衡是复杂的，这给水胶比的选择带来了一定的挑战。因此，再生骨料透水混凝土采取的水胶比选择策略与传统混凝土有所区别。高水胶比可以使新拌混凝土拥有更好的流动性和易操作性，从而更容易实现填充。然而，随着水分的逐渐蒸发，更多的毛细孔隙形成，虽然这样有利于提升混凝土的透水能力，却也可能相应减少其强度。

当水胶比设置得过低时，新拌混凝土的可操作性会显著降低，同时不利于实现骨料之间的有效黏结。对于再生骨料透水混凝土而言，过低的水胶比还可能导致混凝土中出现沉浆现象，虽然这样可能增加混凝土的强度，但透水性将会大大降低。因此，选择一个适当的水胶比显得尤为关键。依据规范和实验数据，再生骨料透水混凝土的水胶比通常推荐在 0.25 ~ 0.4。

在确定了配比计算方法和适宜的水胶比之后，接下来需要关注的是混凝土的用水量问题。如之前所提及，再生骨料具有较高的吸水率，如果用水量控制不当，将会影响混凝土的和易性，进而影响骨料间的有效黏结。因此，除了基于计算得出的用水量，还需要额外增加一定量的水，以补偿再生骨料的高吸水性，确保再生骨料透水混凝土拥有良好的工作性能。

（2）配比设计。在完成了再生骨料透水混凝土的配比确定和原材料选择之后，考虑到试验的目标是在提升再生骨料透水混凝土的强度和透水性的同时，特别关注其耐久性能的提高。为此，试验设定了水胶比、浆骨比、粉煤灰掺量这三个关键影响因素，并对每个因素设定了三个不同的级别。接下来，将对这些因素对再生骨料透水混凝土的抗压强度、抗折强度、透水性和抗冻性能的影响进行全面的评估。考虑到试验中影响因素众多，直接采用全面试验的方法操作会相对困难，因此选择使用正交试验法来进行试验的设计、综合对比和统计分析，以便更高效地探究各因素对再生骨料透水混凝土性能的具体影响。

3. 再生骨料透水混凝土透水系数的测定

（1）再生骨料透水混凝土透水系数的测定方法。首先，确保试件表面干燥，之后采用混凝土专用密封剂对试件除上下表面以外的四周边缘进行封闭处理，保证试件的周边密封无泄漏。完成密封后，对试件进行水浸处理，使其达到饱和状态，然后将其置于透水性能测试装置中。采用智能手机的秒表功能作为计时工具，并准备一只刻度明显的量杯，量取 900 mL 的自来水准备倒入测试装置。在开始倒水的同时启动秒表计时，直到观察到试件表面不再有水流出，即停止计时。透水系数的计算方式是将总透水量除以试件透水面积，再除以通过的时间。

（2）再生骨料透水混凝土正交试验强度及透水性的试验结果。当评估连通孔隙率与透水系数时，浆骨比成为决定性的影响参数。较高的浆骨比意味着更稀释的浆液，而较低的浆骨比则指示骨料之间的黏合度不足，这会在材料内部形成较多的空隙，这些空隙包括封闭空隙、半封闭空隙以及贯通空隙。对于透水能力而言，主要受半封闭空隙和贯通空隙的影响，即空隙数量越多，连通孔隙率和透水系数就越高。因此，浆骨比对透水混凝土的透水性能有直接且重要的影响。

4. 再生骨料透水混凝土的应用分析

再生骨料透水混凝土以良好的透水性能完美地替代了原始封闭路面，透水路面在降雨过程中充分地发挥了它的优势。

从经济角度来看，通过处理转化的建筑废弃物制成的再生骨料代替天然碎石作为混凝土原材料大幅降低了成本，而且由于各城市均产生建筑垃圾，利用当地资源能够显著减少物流成本。在环境保护方面，长期以来，建筑垃圾堆放问题已成为城市发展的一大阻碍，再生骨料透水混凝土的推广应用有效释放了城市土地，促进了城市可持续发展。社会层面而言，人们对城市环境的要求逐渐提高，追求更加绿色、生态的城市环境。再生骨料透水混凝土的使用不仅为创建更加宜居的城市绿地提供了可能，还在雨季有效缓解了城市内涝问题，保障市民生活和安全，同时为城市排水系统的改善提供了一种有效的补充方案，展示了其在城市雨洪管理中的重要价值。

应用再生骨料透水混凝土是一个复杂的过程，这一过程需要经过持续的探索与实践。首先，对建筑废弃物的产生、分类和处理工作至关重要，这确保了源于新建或拆除工程的废弃物能够被有效回收利用。这需要建筑行业的密切配合以及专家团队的参与，将废弃物回收利用的步骤融入开发商的项目管理中，有助于加快循环再利用的步伐。其次，关键在于提高再生骨料生产过程的机械化和自动化水平，这包括对分类后的废料进行清理、破碎、筛选及质量控制等一系列处理环节。最后，根据再生骨料的实际应用场景进行分类，低强度的可用于城市步道、公园广场的透水地面铺设，以及乡村道路等低负荷区域；而高质量、高强度的再生骨料适用于建筑结构部件。通过这一系列处理过程将建筑废料转换为实用的再生骨料，并依据需求制造适用的混凝土产品，实现从回收到生产、加工及销售的全程集成化管理，有效促进了再生骨料在工程应用中的广泛应用和发展。

二、钢渣在沥青混凝土面层的应用

（一）钢渣研究背景

1. 钢渣来源

在炼钢过程中，残留的助熔剂（如石灰石粉）与氧化物烧结，然后与铁元素反应形成钢渣。

2. 钢渣产量

全国钢渣堆存面积超过 34 万 m²，对环境污染严重。

3. 钢渣利用

钢渣主要用在道路工程之中。我国钢渣利用率约为 23%，与世界主要发达国家差距明显，因此钢渣的利用需要以绿色建材产业化为突破口。

4. 公路建设与资源消耗

（1）每年仅公路建设需要骨料约 10 亿吨、水泥约 1.2 亿吨。

（2）自然资源浪费与过度开采现象严重。

（二）钢渣处理技术

1. 传统钢渣处理工艺存在的问题

传统钢渣处理工艺存在的问题如下：

（1）简单的破碎磁选导致钢渣骨料粒度规格不稳定。

（2）存放过程中，钢渣骨料表面的粉尘等杂质颗粒会逐渐固化，使其表面状态发生改变，影响其与沥青的黏附性。

（3）尾渣并没有得到有效利用。

2. 全组分利用技术的优势

（1）可实现钢渣 100% 全组分梯级利用。

（2）可为道路工程提供性能优良的新型抗滑骨料。

（3）可为水泥混凝土的生产提供来源广泛的配料。

（4）钢渣微粉可用作水泥混合材。

（5）目前技术可将钢渣转化为海绵城市中的透水材料。

（三）钢渣应用于沥青混凝土

1. 钢渣特性研究

化学成分分析显示，钢渣中富含硅铝质成分，展现出较高的活性。表观形态分析显示，钢渣具有多孔的表面特性和坚硬的质地。热稳定性分析结果证明，在热处理过程中钢渣的性质保持稳定。元素成分分析揭示，钢渣表面富含的铝离子（Al^{3+}）和钙离子（Ca^{2+}），能与沥青形成良好的黏合。通过原子吸收光谱技术对其潜在毒性进行评估，结果表明钢渣是一种环境安全的材料。

综上，钢渣是一种优质材料，可应用在沥青路面和水泥行业等。

2. 钢渣沥青混凝土

钢渣是可替代天然矿质骨料的理想筑路材料。钢渣沥青混凝土可以满足高等级路面建设要求，代替传统混凝土应用于高速公路新建工程。

3. 钢渣应用在沥青混凝土中的好处

（1）替代天然骨料，减少天然骨料开采，保护环境。

（2）解决钢渣大面积堆积问题。

（3）大量利用钢渣，降低工程造价。

（4）改善沥青路面的抗高温车辙及水损害性能，大幅度提高沥青路面的耐久性。

4. 钢渣在水泥中的应用

使用钢渣替代后，28 d 时的抗压强度从原本的 52.5MPa 增加到了 57.5MPa。标准稠度水平从 27.2 降低到了 23.4，而净浆流动度保持在 220 mm 不变，混合材料的掺入比例增加了 1.5%，导致平均水泥成本下降了 1.6 元。

5. 钢渣用在水泥混凝土中能解决的问题

（1）降低水泥生产成本和煤耗，节约资源。

（2）避免大粒径钢渣利用后的尾渣回填。

（3）有效减少水洗后的钢渣细颗粒的浪费。

（4）天然砂中细料含量少导致的水泥混凝土性能差。

第七章 绿色建材在节能建筑中的应用

第一节 太阳能资源及其利用

一、太阳能资源

太阳能的概念可从两个不同的层面理解：广义和狭义。从广义的角度出发，太阳能是所有类型可再生能源的基础，包括但不限于生物质能、风能、海洋能以及水能等，这些能源形式都直接或间接源于太阳。甚至包括煤炭、石油和天然气在内的化石燃料也可以被视为过去时代积累下来的太阳能的另外一种存在形式。因此，从广义上看，太阳能涵盖了极其宽广的能源类别。从狭义的角度出发，太阳能仅指直接从太阳辐射到地球表面的能量。

除四川盆地及其附近区域的太阳能资源相对较少外，我国其他地方拥有丰富的太阳能资源。我国太阳能资源的分布具有以下显著特征：太阳辐射的高值区和低值区主要集中在北纬 22°～35°，其中青藏高原为辐射高值区，四川盆地则是辐射低值区。总体来看，我国西部地区的太阳年辐射总量普遍高于东部地区。除了西藏和新疆地区，大部分情况下南方地区的太阳能资源低于北方地区。具体来说，在我国，如西藏、青海、新疆、内蒙古南部、山西、陕西北部、河北、山东、辽宁、吉林西部、云南中部和西南部、广东东南部、福建东南部、海南岛东部和西部，以及中国台湾西南部等众多地区，接收到的太阳辐射量相对较高。此外，南方地区由于云雾和降雨较为频繁，导致北纬30°～40°的地区太阳辐射量的分布与通常随纬度提高而递减的规律不同，实际上，这些地区的太阳能资源随纬度的提高而增加，展现出与传统纬度变化规律不同的分布特征。太阳能辐射强度存在随机性，即在不同的时间和地点，同一面积的辐射强度会有所不同。

二、太阳能的利用

太阳能的应用可以根据利用方法的不同分为被动式利用和主动式利用两大类。被动式利用太阳能指的是不依赖任何额外设备直接利用太阳能的方式，例如在阳光下晾晒衣物、利用太阳光进行光合作用以及朝向设计使房屋能够最大限度地接收阳光等。相反，主动式利用太阳能则涉及使用特定设备主动捕捉和转换太阳能，例如利用太阳能热水器、太阳能光伏板发电和太阳能驱动的制冷设备等。这是目前太阳能研究和开发领域特别关注和积极推进的利用途径。

在太阳能的主动式利用技术中，根据能量转换的机制不同，又可以进一步划分为三种类型：光热转换技术，光化学转换技术以及光伏转换技术。这些技术各有特点和应用领域，共同构成了太阳能利用技术的多样性。

1. 光热转换技术的应用

太阳能热能的利用原理非常直接：它通过集热器捕捉太阳的辐射能，并通过物质的相互作用转换成热能，供后续使用。目前，常用的集热器有平板集热器、真空管集热器、热管集热器以及聚焦型集热器等。太阳能热能的应用根据温度范围可以分为三个级别：低温、中温和高温。低温应用主要包括地面加热、温室加热、食品干燥、水分蒸发和住宅供暖，以及太阳能热水系统等。中温热能应用于空调制冷、盐产业以及其他一些工业用途。而高温应用则涵盖了使用聚焦型太阳能装置进行的简易烹饪、焊接和其他高温工艺。当前，太阳能热水系统、太阳能制冷技术和太阳能发电的应用最为普遍，并已发展出成熟的产业链。此外，太阳能热泵和热动力系统等新兴技术领域也正处于积极的研究和探索阶段。

（1）太阳能热水器。在目前的太阳能热能应用场景中，太阳能热水系统，特别是那些能够加热水温至不超过 100 ℃的低温系统，代表了技术成熟度最高、市场竞争力最强并且产业化进程最快的一块。我国的太阳能热水器产量和普及程度均居全球领先地位。迄今为止，太阳能热水器的技术已经历了从初期的闷晒式到后来的平板式，再进化到现代的全玻璃真空管式的几个主要发展阶段。

平板式集热器以与建筑物屋面的完美融合和不破坏建筑外观为显著优势。这类集热器避免了真空玻璃集热管在冬季易裂的问题，适合在寒冷地区使用。它能够承担较高压力，适用于承压系统和二次循环系统，因此受到许多建筑设计院的青睐。即便钢化玻璃破碎，也不会对人和物品造成严重伤害，这一特点使其尤其适合在阳台上安装。

然而，平板式太阳能热水器的集热效率相对较低，保温性能不佳，其核心部件的设计、传热介质的性能和寿命、生产工艺及成本等方面仍存在挑战。此外，产品标准化及核心部件的系列化发展尚需完善，这反映出该技术的成熟度有待提高，这也从市场接受度上得到了体现。

家用真空玻璃管式太阳能热水器因完善的产品标准、成熟的核心部件制造技术、强大的实用功能和无明显性能缺陷而广受市场欢迎。其关键组成部分——真空集热玻璃管，具备极高的辐射吸收率，达到了 92%，同时发射率和热扩散系数都极低，展示了产品的标准化和系列化生产能力。制造工艺先进、成本效益高，每根真空集热管的成本仅约 10 元，这反映出其核心技术和制造工艺的成熟度。

真空玻璃集热管内的余水留存在冬季易造成裂管，存在北方地区无法过冬的缺陷，需进一步研发解决。

热水器行业的发展重点之一是增强集热器（特别是储热水箱）的保温性能。为此，采用透明隔热材料在集热器的盖板与吸热部件之间设置隔层，旨在减少热量散失。另外，太阳能热水器如果安装不规范或防雷措施不到位，易引发安全问题，危及设备及人身安全。因此，必须强化预防措施，提升安装质量；加大安全管理力度，确保施工流程严谨；执行严格的检测与验收程序，有效降低雷电引发的安全风险。

（2）太阳能空调制冷技术。太阳能空调系统主要由太阳能集热装置、热驱动制冷装置和辅助热源组成。其工作方式主要有两类：

①先实现光—电转换，再以电力推动常规的压缩式制冷机制冷。这种方式原理简单、容易实现，但成本高，应用较少。

②利用太阳能转换的热能驱动进行制冷，这种制冷方式技术要求高，但成本低约是第一种方式的 1/4，无噪声、无污染，是国内外太阳能空调系统的主要形式。

（3）太阳能热发电。太阳能热发电利用专门设计的聚光集热器将太阳光聚焦加热某种介质至数百度的高温，通过热交换器生成高温高压的蒸汽，进而推动汽轮机运转并驱动发电机产生电能。这种发电方式不依赖化石燃料，无污染排放，是一种与自然环境和谐共存的清洁能源发电形式。

全球范围内，以色列在太阳能热发电技术上领先世界；而巴西、印度、摩洛哥则在吸收美国技术的基础上积极建设太阳能热发电设施。目前，技术成熟且经济可行的太阳能热发电形式主要包括以下几种：

①聚焦抛物面槽式太阳能热发电技术，发电规模为 30 ~ 80 MW（抛物面槽式）。

②点聚焦中央接收式太阳能热发电技术，发电规模为 30 ~ 200 MW（塔式）。

③点聚焦抛物面盘式太阳能热发电技术，发电规模为 7.5 ~ 25 kW（抛物面盘式）。

除以上太阳能的热利用外，还有太阳能干燥、太阳灶和太阳能热推进等。太阳能干燥技术比较成熟，太阳能干燥器中通常带有自动控制系统，从而实现物料干燥过程的自动化控制。干燥温度在 0 ℃ ~ 65 ℃，用于干燥中草药、农副产品、水产品及工业品时比自然干燥缩短时间 2.5 ~ 6 倍，提高了干燥质量和营养成分。

2. 光化学转换技术的应用

光化学转换是指将太阳光能转化为化学能的过程。20 世纪 70 年代，美国的生化学家卡尔文提出了培养能源植物的构想。这些植物在太阳光照射下通过光合作用产生的主要是碳水化合物，但某些植物能产生与石油化学成分相似的碳氢化合物，这些碳氢化合物因其特有的分子结构可以被精炼成高质量的燃料。随着对光合作用机制理解的加深，科研人员开始探索制造人工叶绿体的可能性。虽然这项技术目前还处于实验阶段并未被广泛应用，但随着科技进步，预期能开启太阳能利用的新纪元。

3. 光伏转换技术的应用

光伏转换是指将太阳光能转化为电能的技术过程，基于光生伏特效应实现。19 世纪 40 年代，法国科学家贝克勒尔首次观察到光伏效应，启动了人类对光伏技术的研究。直至 20 世纪 50 年代，美国贝尔实验室的三位科学家开发出了第一块具有商业应用价值的单晶硅太阳电池，标志着光伏技术实践应用的起步。如今，这一领域的产品技术已经相当成熟，以澳大利亚新南威尔士大学开发的高效单晶硅电池为例，其转换效率已达到 24.7%。同时，美国、日本、德国等国家的单晶硅电池效率亦超过了 20%。随着全球光伏产业的快速发展，这一领域正迎来前所未有的增长与创新。

光伏发电系统主要应用于以下三个领域：

（1）向缺乏电力供应的场合提供能源，这不仅涵盖为生活在偏远地区的居民提供生活和生产所需的电力，也包括为微波中继站、通信系统、便携设备及应急备用电源等供电。

（2）用于日常生活中的太阳能电子产品，例如各式太阳能充电设备、太阳能街灯等。

（3）连接电网进行电力发电。与传统的火力发电相比，光伏发电展现出多项显著优势：资源无限、使用安全可靠且无噪声污染、环境友好无公害，以及发电地点灵活，特别是能够充分利用建筑物屋顶等已有空间。

第二节　太阳能建筑和光伏屋面

随着经济进步和生活标准提升，人们对住宅空间和居住舒适度的要求也在不断上升。这导致建筑面积迅速扩大和采暖、空调等设施使用日益广泛，建筑能源消耗在社会总能源消耗中所占比重随之显著增长。目前，建筑能耗大约占全球总能耗的 1/3。因此，优化建筑能效成为节能减排的关键领域。将建筑从高能耗向高能效转变不仅能解决能源消耗问题，还能为人类发展开辟一个广阔、便捷的能源供应平台。实现这一转变的关键技术是太阳能的应用，特别是太阳能发电技术，它为连接这一能源供应平台提供了重要的桥梁。

一、太阳能建筑

（一）太阳能建筑的类型及太阳能技术

太阳能建筑融合了社会发展、技术进步和经济实力等多方面因素，并在建筑的规划、建设、设计、使用乃至改造过程中，有意识或无意识地利用太阳能。从古至今，人们在建造住宅时都倾向于选择朝南的方向，以最大化地利用太阳光和热能，这种太阳能的应用基于直觉、自然且处于初级阶段。20世纪40年代，世界上首座专门设计用于采暖的太阳能建筑在美国麻省理工学院建立。随着20世纪70年代能源危机的出现，太阳能建筑的发展迅速推进，如今全球已拥有数十万座太阳能建筑。

太阳能建筑可以划分为被动式和主动式两种类型。被动式太阳能建筑依赖建筑物自身的特性，如房间布局、空间规划以及建筑材料的吸热能力等，来实现太阳能的采集、存储和分发。其核心目标是在适当的时机控制阳光和空气的流动，以及合理地存储与调配温暖或凉爽的空气，以此有效地利用能源并提升居住舒适度。采用被动式太阳能建筑设计往往需要很少或几乎不需要额外投资，因为它主要利用了建筑本身的结构要素。在设计初期，周边环境的影响，尤其是太阳的位置分布、方位角、强度以及气候影响等，都是必须细致考虑的关键点。被动式太阳能建筑的基本设计形式包括直接受益型、集热墙型、带附加阳光房型和组合型等。

随着对居住和工作环境品质要求的升级以及对环境与能源细致利用的追求，传统的被动太阳能技术逐渐不能满足现代社会的需求。这推动了对太阳能资源的更广泛应用和先进技术设备的需求，从而促进了主动太阳能技术及其在建筑设计中的应用发展。主动式太阳能建筑利用光热和光电等方法主动采集、储存并利用太阳能为建筑提供能源。这些技术的应用范围广泛，包括太阳能热水系统、太阳能空调和通风系统以及光伏发电等。主动太阳能技术按照太阳能转化的方式，主要可以分为光热转换技术、光伏转换技术和主动光照明技术。

光热转换技术在建筑领域的运用主要涉及将集热器置于建筑表层或融入建筑围护结构中，从而捕获太阳辐射能，并将其转换为建筑内部可以直接使用的热能。此外，通过辅助设备，如管道、风机、水泵及贮热装置，这些热能得以收集、存储并输送。在所有太阳能利用技术中，将太阳辐射能转化为热能的技术是最早也是最广泛应用的一种。太阳辐射覆盖从紫外到红外的广泛频段，但对于光热利用而言，价值最大的是在 0.4 ~ 0.9μm 范围内的可见光区和近红外区的辐射。在光热利用中，实现太阳能集热器与建筑一体化是关键挑战。这些集热器可以安装在如平屋顶、斜屋顶、外墙、阳台栏杆或女儿墙等多种位置，但在不同部位的设计和安装过程中需要考虑各自的特定要求。

光伏转换技术通过将太阳能转化为电能来实现其应用，使太阳能光伏发电成为一种高效利用建筑物屋顶、幕墙及其他建筑构件的方式，避免了对珍贵土地资源的占用，这在土地资源紧张的城市地区尤其具有重要意义。此外，它为用户提供了一种能源节约且环境友好的电力解决方案，有助于减轻日益严峻的化石能源危机。我国政府高度重视太阳能资源的综合性开发与利用，致力于推广和应用光伏技术。

主动光照明技术通过使用反射、光导管、光纤等手段将自然光引入建筑内部区域，实现对那些无法直接接收太阳光照射的空间的照明。这种方法有助于减少照明所需的能源消耗，与直接日光照明相辅相成。反射照明技术利用镜面等反光装置反射光线，简单且可靠。光导管照明通过一个采光装置捕捉太阳光，然后通过光导管将光传输至目的地，由一个扩散装置将光均匀分散。虽然这种方式传输效率高，但光导管需要占用空间，传输距离受限，且应尽量减少转弯。光纤照明则通过透镜收集太阳光，并通过光导纤维传输，如市面上的"向日葵"照明产品，它通过特殊透镜聚焦太阳光，并通过光纤将集中的光线传送到远处，这种技术的优点是传输长度和路径弯曲的限制较少。

（二）光伏建筑一体化

光伏建筑一体化展示了一种将太阳能技术与建筑设计紧密结合的创新理念：通过将光伏技术融入建筑结构，光伏组件不仅提供能源，还成为建筑美学的一部分，不损害建筑的外观。光伏建筑一体化将光伏电池板或集热器整合到建筑的屋顶或外立面，既有效降低了建筑的能源需求，又无须额外土地，因此极大节约了土地资源。这种集成方式因具有节能与环保双重优势，在国内外有了越来越多的示范项目和建筑应用，成为现代建筑发展的一个重要趋势。

光伏组件与建筑的融合主要体现在屋顶和立面的应用上，同时，它们也能够作为建筑的其他元素，例如遮阳设施和窗户玻璃等。光伏建筑一体化系统通常包括光伏阵列（太阳能电池板）、位于阵列与建筑墙面（或屋顶）之间的冷却空气流通道以及支撑结构等部分。

1. 光伏组件与建筑屋顶结合

将光伏组件与建筑屋顶相融合形成的光伏屋顶结构是太阳能发电与建筑结合的优选方式。建筑屋顶由于具有良好的光照条件、较少受到方向限制、不易被遮挡的特性，能够最大限度地捕获太阳辐射。安装系统时，光伏组件可以直接贴合屋顶结构，这样既减少了风力可能造成的不利影响，同时光伏组件还能充当屋顶材料的角色，进一步降低整个系统的成本。为了完全覆盖屋顶，需要使用小型的光伏组件，如光伏瓦片或光伏瓷砖，它们的尺寸和形状使它们能够方便地应用于现有建筑。

2. 光伏组件与建筑立面结合

光伏墙结构是将光伏组件与建筑立面相结合的一种形式，其设计在建筑立面上展现出多样性，需基于项目的具体条件进行全面分析和合理规划。这涉及对日照、遮阳效果以及光伏系统发电效能等多重功能的综合评估，目的是决定哪种形状和技术最适合与建筑表皮融为一体。典型的整合方式包括将光伏模块与夹层玻璃垂直集成、光伏模块与空心玻璃的斜向集成，以及光伏模块与建筑的外墙直接集成等。将光伏面板安装在建筑的外墙上，不仅可以安装在砖或混凝土结构上，还可能在某种程度上替代现有的玻璃幕墙系统。但是，在垂直外墙上安装光伏系统可能不会获得最佳的光照效果，其能量捕获效率极大地取决于所在地的纬度。虽然东西向的外墙可以捕捉到一定量的太阳能，但为了确保能效最大化，采用光伏系统的建筑表皮需要进行精细的数字仿真分析，以准确评估太阳辐射和阴影的影响。考虑到外墙具有高度的可见性，其安装要求和难度往往超过屋顶系统。

光伏系统与建筑玻璃一体化是将太阳能光伏电池与建筑玻璃结构整合的一种创新技术。这种结构通常呈现出"三明治"式的层叠，光伏电池被置于中心层，而根据所使用的太阳能电池类型，不同层的材料也会有所差异。从外部到内部，其结构依次为外层结构、黏结层、太阳能光伏电池、黏结层、内层结构、空气间隙或惰性气体层，以及外围的边框。外层结构作为光伏电池组件的正面部分直接面向外界，通常采用透光率高且结构稳固的材料如钢化玻璃、透明聚酯或氟化乙烯丙烯等；黏结层则需要具备优良的透光性和绝缘性，常用的材料有热固性硅橡胶、聚化乙烯丙烯、聚乙烯醇缩丁醛等；内层结构是接触室内的一层，不仅要求良好的透光性和耐候性，还应保证在层压温度下稳定不变形，通常选用钢化玻璃、铝合金、有机玻璃等材料。如果对玻璃的热效能有更高标准，可以设计一种复合结构，其中外部结构、黏合剂层、太阳能电池片、再一层黏合剂以及内部结构组成中空玻璃的外侧部分，而后侧玻璃板和中间的空气层保持原有结构。光伏玻璃的组合和设计可以高度定制，以满足特定的需求。其边框设计类似画框，不仅为太阳能光伏元件提供了在运输和安装过程中的保护，还为粘接材料提供了封闭的边界保护。这种将光伏技术与夹层玻璃集成的方法，不仅可以截获自然光的热能，还允许可见光透过，既为室内提供了遮阳效果，又保证了自然采光。

用于建筑外墙的光伏模板与光伏夹层玻璃结构基本相似，底层结构根据具体设计要求而不同，由于没有透光的要求，底层结构可以选不透光材料。光伏模板完全可以替代常用的外墙装饰材料，使建筑表皮具备光伏发电的能力。

3. 光伏组件与其他建筑构件结合

光伏组件的应用不仅限于与建筑的屋顶和立面结合，还可以被创新地用作天窗、遮阳板等建筑元素。当光伏组件与天窗结合使用时，它们之间应保持适当的间距，以便在春季和秋季太阳高度较低时，能让更多的自然光照进室内。这种结合方式在夏季有助于阻挡热量进入室内，减少光污染，并优化室内的自然光环境。而将光伏组件与遮阳系统相结合，则在夏季发挥遮挡阳光、减少建筑制冷需求的作用；在冬季则允许太阳光穿透，以减少供暖需求并为室内提供自然照明，有效平衡和优化建筑的能源使用。

二、光伏屋面

在当前能源危机日益严峻和人们节能意识增强的背景下，采取节能措施已成为建筑设计的关键举措。其中，利用建筑屋顶进行节能尤为关键，因为屋顶是建筑中接收阳光最多、最适合利用的区域。据估计，在城市建筑中，每100 m² 的地面面积中，有40 m² 的屋顶面积和10 m² 的外墙面积适宜采用光伏建筑一体化技术；同时，屋顶也是建筑中最不常用的空间。这两大特点促进了光伏屋顶计划的广泛实施，使光伏屋顶成为建筑中应用光伏技术的主要领域。光伏建筑屋面将太阳能与建筑屋面的结合视为一种新型建筑概念的拓展与发展，成为光伏建筑一体化应用的核心形式，反映了21世纪建筑屋面和光伏技术市场的需求，标志着科技进步和社会发展的方向。因此，光伏建筑屋面预计将成为21世纪最重要的新兴产业之一。

（一）光伏屋面的定义及其优点

太阳能光伏建筑屋面技术融合了太阳能发电系统与建筑屋面的设计，不仅能充当建筑的保护层，还能为建筑提供电力。这种技术超越了将太阳能光伏系统简单叠加到建筑屋面的概念，而是在遵循节能、环保、安全、美观及经济效益的原则下，将太阳能光伏发电系统作为建筑屋面的一体化部分引进。它要求在建筑设计、施工和验收的各个阶段与建筑工程的整体进度保持一致，确保从使用开始就纳入建筑的日常管理中。这样的做法旨在将太阳能光伏系统作为建筑的一个有机组成部分体现在建筑的设计理念、施工项目和工程管理中。

光伏建筑屋面具有以下优点。

1. 对于建筑本身

（1）充分、有效利用空间。光伏设备安装在屋顶上或者作为屋顶的一部分，不占用单独的土地资源，这对于土地昂贵的城市建筑尤为重要。

（2）改善室内环境。在屋顶安装光伏面板直接吸收太阳能，不仅能避免墙体和屋顶的温度过高，还能降低空调的运行负荷，进一步降低能源消耗。

（3）外观影响最小化。通常情况下，建筑的屋顶部分并不在人们的常规视野内，尤其是对于高层建筑而言，因此在屋顶安装太阳能设备不会影响地面层面建筑的外观美感。此外，鉴于屋顶具有较高的可利用性，如果太阳能采集装置的布局得当且设计合理，反而能为建筑增添一种现代化的风貌。

（4）节约成本。将光伏电池阵列、光伏屋面瓦等作为建筑材料使用，赋予它们保温隔热、电气绝缘以及防水防潮的功能，并确保它们具备必要的刚度和强度，可以有效降低建筑的总成本并减少建筑负重。

（5）质量可靠。由于建筑构件和光伏设备一体化设计、一体化制造、一体化安装，可以避免后期施工对用户生活造成不便以及对建筑已有结构产生损害。

2. 对于用电

（1）节省电网投资。光伏建筑一体化系统实现了现场安装和能源自供，无须额外布设输电线和热水管路，从而降低了电力传输成本和能源消耗，减少了对城市基础设施的依赖和压力。

（2）舒缓电网高峰需求。光伏建筑一体化系统能满足建筑本身的电力需求，而且日照时间最长的时段正好与电网高峰用电期重合，能够向电网输送额外的电能，有助于缓解电网在高峰时段的电力需求，有效解决电网供需的峰谷差异问题。

3. 对于环境

低碳环保。光伏发电过程中没有噪声，没有废气排放，不消耗任何燃料，减少了对化石燃料的使用，这对于环保要求更高的今天和未来极为重要。

（二）屋顶的形式及其与太阳能量捕获效率的关系

1. 平屋顶

平屋顶的设计多样，包括挑檐式、女儿墙式以及结合挑檐和女儿墙的形式，其中女儿墙还可以呈现小坡顶、开放式框架等多种变化。位于建筑顶部的平屋顶几乎可以无遮挡地接收太阳光，但由于太阳辐射与地面的角度会因地理位置和时间不同而变化，导致照射在平屋顶上的太阳能密度较低，不利于最大化利用太阳能。为了提高平面光伏屋顶系统的能量捕获效率，需要确定最佳的倾斜角度。确定这个角度应该综合分析太阳电池板倾斜面在一年中每个月的辐射量分布的连续性、均衡性及最大值，以一年为周期进行理论计算，找出不同倾斜角度下的太阳辐射总量和相应的预期电能产量，选择能产生最大电能总量的倾角作为最佳倾角。同时，需考虑负载的使用模式，特别是使用频率的集中性，目标是在确保全年电能产量最大化的同时，避免出现某些时段电能供应不足的情况。

2. 斜屋顶

斜屋顶包含单斜屋顶、双斜屋顶、多斜屋顶和锥形顶等类型，是民用建筑中经常采用的设计。这类屋顶根据地理位置的纬度进行坡度设计。斜屋顶设计的一大优势是有助于水的排流。此外，一些斜屋顶建筑还通过在屋顶设置特殊的窗户——俗称"老虎窗"，利用屋顶下形成的三角形空间建造阁楼，这不仅有效地使用了斜屋顶形成的自然空间，还为居住空间创造了丰富多变的内部布局。斜屋顶上的"老虎窗"还为建筑外观增添了特色。斜屋顶在住宅建筑中极为普遍，特别是当建筑面向南北时，非常适合安装太阳能光伏系统。一般倾斜角度为30°～40°的光伏板可以实现能量的最大收集。

3. 曲面屋顶

曲面屋顶指的是那些由各种曲面构成的屋面设计，包括但不限于拱形、球形、各类壳体（如筒壳、扁壳、扭曲壳、双曲壳、抛物面壳、球壳、劈锥壳、伞形壳）以及鞍形屋顶等多样的形态。这种屋顶设计在体育场馆、博物馆和纪念性建筑中尤为常见，用于增添建筑的视觉吸引力和形态多样性。曲面屋顶的设计充分考虑了地球自转造成的昼夜更替，以及由此带来的太阳照射角度从东向西的持续变化。设计师们巧妙地利用曲面屋顶的形态，使屋顶上部署的太阳能采集装置能够在一天中的任何时刻都获得最佳的太阳能接收效果，从而有效地跟踪太阳的移动，优化能量采集。

4. 复合屋顶

复合屋顶设计采取了将不同屋顶类型相结合的方法，包括将平屋顶与斜屋顶、斜屋顶与曲面屋顶以及不同曲面屋顶结合在一起。这种多元化的屋顶构成充分融合了各类屋面的优势，实现了在太阳能采集方面的多角度利用，以获得最高的能量捕获效率。采用这样的设计策略，建筑可以在各种天气和光照条件下更有效地收集太阳能，同时增加了建筑设计的灵活性和美观度，确保了建筑既环保又具备独特的视觉魅力。

（三）光伏屋面的设计安装

1. 外置式

外置式安装是一种将太阳能电池板通过金属支架悬挂于建筑屋顶之上的方法。此安装方式常用于在现有建筑上添加太阳能光伏系统，以已有的屋顶空间作为太阳能电池板的安装基地。这种方法要求屋顶具有较高的承载能力，因为需要抵御风力影响，所以对金属支架的稳固性有较高要求。在安装过程中，支架需通过螺钉固定于原屋顶之上，因此需特别注意保护屋顶的原有防水层，避免产生漏水问题。

该安装方式具有施工简便、灵活度高的优点，并能在不损害原有屋顶性能的基础上创造良好的通风条件，提高太阳能电池板的工作效率。然而，这并非光伏与建筑一体化的真正实现，因为它仅仅是利用支架将常规太阳能光伏系统安装在屋顶上，从视觉上可能会产生一种分离感，影响建筑的整体美观。此外，这种方法可能导致屋顶重复建设，增加成本。在安装过程中，需要妥善调整太阳能电池板的位置，以确保屋面整体的平整与美观。

对于这类系统，安装时应确保支架与屋顶之间有足够的间隔，以促进空气流通，降低太阳能电池板的工作温度。因为太阳能板在运行过程中会产生大量热量，太阳能电池板温度每升高 1℃（以 25℃ 为基准），其效率就会降低 0.3% ~ 0.5%。预留足够空间不仅有助于降低光伏组件的温度，还能在炎热季节降低室内温度，提高居住的舒适度。外置式安装根据具体的实施方式又可分为加层式和支架式两种。

（1）加层式。加层式设计使屋面得以从直接的降雨和炎热季节的强烈阳光辐射中获得保护，此法不仅能有效获取太阳能，同时能在屋顶创建一个适合休息的空间，特别适合平屋顶建筑。该方法的主要优势在于最大化地利用了屋顶空间，具有结构简洁和施工便捷的特点。然而，它也可能对建筑的结构屋面造成较大破坏，并且增大了风力的阻力，因此在设计时，抗风性能是首要考虑的因素。

对新建建筑来说，为了尽量减少对屋面结构和防水层的影响，同时降低热桥效应，建议采用钢筋混凝土立柱和斜向支撑梁的结构，并以预设的螺栓作为固定方式。在对已有建筑进行太阳能系统安装改造时，建议选用混凝土基础、预埋螺栓与轻型钢结构的结合，这样不仅可以减轻基础受力过大导致的变形和裂缝，还可加设混凝土垫块以增强稳定性。设计安装架时，还需特别考虑结构对风力的反应，采用恰当方法确保系统的整体稳定和安全。此外，避免采用可能破坏防水层的膨胀螺栓固定方式，而且不应直接将轻型钢结构与屋面的钢筋进行连接。

（2）支架式。在平面和轻微倾斜的屋顶上，规模化安装太阳能系统时，常采用将支架单元组合成锯齿状排列的方法。此种安装方式具有以下特点：

当太阳的高度角较低时，如在冬季，屋面的后排支架会被前排遮挡，导致单个支架单元的能效较高，但阵列整体的能效较低。为了使能量收集最大化，必须确保前后排之间有足够的维护通道（宽度超过 60 cm），并且阵列的排列需要保证后排的最低点高于前排的最高点。

与层叠式安装相比，锯齿形布置的屋顶光伏阵列在夏季中午时分不能有效阻挡阳光，这对于炎热地区的屋顶而言不利于隔离太阳的热辐射和促进空气流通以散热，也不利于延长防水层的使用寿命。

锯齿状排列的支架式安装需要集中布置，以避免电缆过长，能耗增加。

这种支架式安装方法早期多用于现有建筑屋顶的太阳能改造，目前仍是太阳能系统在建筑中应用的一个重要安装方式，特别是在居民住宅中。通过在防水排水、抗风、防雷以及减弱热桥效应等方面进行设计改进，对于美观度要求不高的屋面或需要在屋面安装太阳能系统的建筑也适用。

对于坡度较大的斜屋顶，太阳能系统的安装方法有所不同，主要包括两种方式：

成本效益最大的方法是直接在屋顶瓦片上安装外部光伏系统，首先将专用屋顶夹固定在瓦片上，并沿垂直方向在其上设置铝质底架作为支撑，随后把太阳能电池板安装至这个底架并通过螺丝或夹具进行固定。

另一种方法涉及替换普通瓦片为特殊设计的金属板，并在这些金属板上直接架设水平支架。这种安装手法的优势在于，它在电池板和屋顶之间创造出空隙，促进空气流通，避免为解决通风问题而额外投资。

在设计倾斜屋顶上的光伏支架系统时，需要全面考虑太阳能模块间的互联、与屋顶结合的方式、通风与防水措施，以及模块的标准化和模块化。设计目标是确保系统的安装、拆卸、维护和替换都尽可能简便，同时保证美观和低成本。为了维护太阳能电池的性能，设计过程中应特别注意减少太阳能电池背面温度对电压和能效的不利影响。

在安装斜顶光伏系统时，需遵循以下步骤确保安装质量和系统性能：

在混凝土屋顶施工前，规划好太阳能电池板的放置位置，并预埋安装螺栓。完成这一步骤后，应做屋面防水处理，随后安装固定用的方形铝制枕梁。

为促进空气流通，帮助降低太阳能组件的运行温度并维持高效运作，需要确保组件底部与屋面之间至少有 50 mm 的空隙。

预先焊接方铝枕梁与铝垫的连接部位，以便雨水能够顺利从枕梁下方流走，这一措施有助于防水并简化安装过程。

为了增强电缆的安全性，太阳电池组件的连接电缆应被 PPR 管覆盖保护，以免受外界因素影响而被损坏。力求整个屋顶的光伏安装既整洁又美观，实现与建筑物的无缝集成，以不破坏建筑的整体外观和风格。

2. 表皮式

在表皮式太阳能电池组件安装方法中不需要用到支架，太阳能电池直接在常规屋顶材料上组装，既可使用标准太阳能电池组件，也可使用特殊的柔性薄膜太阳能电池。此方法的核心在于太阳能电池组件成为屋顶表面的一部分直接覆盖在屋面基材上，实现与建筑物的无缝结合。其安装过程简便，类似于常规建筑材料的施工方式，不需要专门的安装团队。

表皮式安装存在两种主要的选项：一是使用常规太阳能电池组件，采用传统建筑材料的安装方法；二是将柔性薄膜太阳能电池贴附在金属面板上，这要求使用高性能的黏合剂。这种整合方法的优点是太阳能装置与建筑物屋顶和谐统一，提升了美观度，但需要确保太阳能组件或薄膜与建筑材料的有效结合，还需要采取防水措施。由于太阳能板与屋顶紧密贴合，背面通风可能较差。有研究指出，在中欧地区，太阳能板温度可达 60 ℃，极端温度下的发电效率可能降低约 15%，因此在太阳能板底部和顶层安装通风设施是必要的。此外，这种设计的成本相对较高。

另外，还有一种创新的屋顶覆盖方案，即将非晶硅太阳能电池模块安装在金属基底上，这些蓝黑色电池模块宽度为 1.55 m，长度为 6 ~ 12 m，外层覆盖保护膜，每块模块的发电能力可达 128 瓦峰值。

3. 建材式

建材式太阳能电池组件安装方式将太阳能电池本身作为建筑材料直接安装在屋顶结构上。这种安装模式完美融合了光伏技术与建筑设计，一次性安装完成，既节省了材料又降低了施工复杂度。然而，这种方法的成本较高，技术层面还存在一定的挑战。目前市场上提供多种建材式太阳能电池选项，包括硬质太阳能面板、柔性无定形硅薄膜板、太阳能屋瓦等。

硬质太阳能面板由硅电池制成，通过特殊处理能承受一定的力量和负荷，可以直接用作屋顶板材。而柔性无定形硅薄膜板质量轻便、柔软，易于卷曲，类似屋面材料，可以直接粘贴于屋顶，无须额外的支架或结构。这类薄膜通常附着在 0.13 mm 厚的不锈钢基底上，制成不同长度和功率的层状材料，最长可达 5.5 m，单块发电能力为 136 W，利用多功能黏合剂可直接粘贴在各种屋面上，因其轻便性而深受建筑师青睐。

太阳能屋瓦将太阳能电池与传统屋瓦结合，形成可发电的屋面材料，每片屋瓦即是一个独立的太阳能电池单元。通过连接各瓦片的电极可组成完整的发电系统。这种太阳能屋瓦既能生成清洁能源，又能维持建筑的美观。屋瓦由光伏模块构成，形状、尺寸和安装方式均与传统大片屋瓦相似，可保证在 25 年内发电效率约为 95%。使用这种太阳能屋瓦覆盖约 1/3 的屋顶面积，每天接收 6 h 日照，便可满足家庭用电需求。太阳能屋瓦由在不锈钢薄材上堆积的 9 层共 1um 厚的非晶硅和一层透明聚合物保护层构成，外观涂层与常规屋瓦相同，安装仅需连接电线至室内，其光电转换效率略高于 10%。因这种太阳能屋瓦具有高使用价值，安装成本还可获得政府补助而广受应用。

另一种太阳能瓦集覆盖、发电和加热功能于一体，由透明聚碳酸酯底板和两层主要材料构成：一层是太阳能电池，另一层是含有热载体的薄贮热器。该瓦片能将 12% ~ 18% 的太阳光转换为电能，并可通过热辐射预热住宅中自来水管道的水，不依赖光伏板接收的热量。

（四）光伏屋面发展存在的问题及对策

1. 面临的问题

（1）价格居高不下。普及光伏屋顶系统的主要障碍在于其成本较高。当前，屋顶发电系统的设备成本和持续高企的电力费用是限制其广泛应用的关键因素。保守评估下，光伏系统生成的电力成本约为每千瓦时六元，这一价格显著高于传统的火力发电成本。同时，由于硅晶这一太阳能发电关键原材料的价格仍旧高昂，降低太阳能发电成本依然面临挑战。

（2）重视程度不足。很多人认为我国能源丰富，对包括光伏发电在内的再生能源的开发利用没有紧迫感。

（3）自主创新不足。尽管独立太阳能光伏发电技术已相对成熟，但并网光伏发电系统大多仍处于研究和示范阶段。为了使光伏与建筑无缝整合，光伏瓦或其他光伏元件需具备与传统屋顶材料相同的防风、防雨功能及美观性。这要求光伏屋顶系统须符合以下标准：能够与现有屋面结构轻松融合，形成有效的建筑防水层；具备与传统屋面瓦相当的耐久性和成本效益；光伏安装过程应遵守建筑规范，操作简便，无须专业安装团队；系统设计应便于维护。只有当这些基本条件得到满足时，光伏屋面技术才能得到广泛应用。

2. 对策

要大力发展甚至普及光伏屋顶，政府及科研工作者们还有大量的工作要做：

（1）培养科技人才。致力于培育一批太阳能领域的高科技人才，并建立一个高质量的科研、生产、管理团队；持续开发新型太阳能电池材料，以降低生产成本并提升电池的转换效率；探索太阳能电池的最大功率点跟踪技术，确保太阳能被电池以最高效率捕获；开发太阳能电池阵列的优化配置算法，以实现阵列的最优组合；研究太阳能光伏发电系统的软并网技术，以降低光伏发电对电网造成的影响。

（2）加大宣传力度。通过电视和网络等媒介加强对太阳能开发与利用重要性的普及教育，积极宣传太阳能对国家经济和社会持续发展的关键作用；广泛传播政府在太阳能开发利用方面的政策和指导原则，鼓励更多人加入这一行动中；对在太阳能产业中取得显著成就和贡献的个人或团队给予奖励；通过实施示范项目等手段，不断增强太阳能技术在社会中的影响力。

（3）建立和完善屋顶发电的相关政策。要使太阳能光伏发电站与建筑屋顶相结合的愿景成为现实，需要国家制定灵活且全面的政策和法规作为支撑，进而加快中国在太阳能建筑一体化领域的发展和实践步伐。这不仅有助于推动建筑行业的结构性转型和资源配置优化，还对促进建筑业的持续发展起到了至关重要的作用。政策支持应覆盖光伏屋顶项目的整个生命周期，包括设备的生产、销售、安装、运营以及最终使用等环节。为实现光伏屋顶技术的产业化，国家应当重点支持相关设备的研发、生产、销售和应用，目标是实现设备的高效运作和成本的有效控制。

国家在资金支持、贷款便利、技术引进和税收减免等方面应提供政策扶持，采用国有企业、私营企业、合作社、外资企业、合资企业及股份公司等多种市场化的运营模式来吸引更多的资金和技术投入，确保光伏屋顶项目健康且规范地发展。

（4）采取激励办法、建立协调机制。随着城市化进程中城市社区、大型住宅区和小城镇的不断建设，为了激发公众使用太阳能的热情，建议对在太阳能利用方面取得成效的项目，在房价、水电费、物业管理费等方面给予一定的补贴。

太阳能的应用是一个综合性极强的工程，它涉及房屋设计与规划、建筑材料选择、生产、施工、管理和维护等多个方面。因此，在进行建筑规划和调研时，应该将太阳能的应用考虑在内，并成立专门的联合协调机构。通过这样的机构可以有效地整合建筑设计、建材生产、太阳能产品开发、施工、管理和维护等资源，进而推动太阳能技术在建筑领域的广泛应用和快速发展。

第八章 绿色建材在建筑施工中的应用

第一节 绿色建材在墙体隔热保温中的应用

一、优质隔热保温材料

（一）反射隔热材料

传统保温材料研发主要致力于增加孔隙率和热阻，降低热传导性，但其在减少对流和辐射热传递方面面临挑战。目前的一个关键研发趋势是通过改良传热机制来优化保温材料及其结构。参考航天领域的先进绝热涂层技术，并结合国内实际需求，开发出的高辐射率绝热保温涂料能有效弥补传统保温材料的缺陷。这种保温涂料以液态形式出现，干燥后可形成具有高热阻和高反射率的涂层，显著降低辐射热传递。而且其施工方便，形成的涂层既细薄又无缝，展现出优良的黏附性和防水隔热性。该涂料的绝热性能达到 R21.1 级，热反射率达0.79，热辐射率为 0.83，固含量为 54%，性能接近国际同类产品，而成本仅为其 1/4。该涂料不仅可独立使用，还可与其他多孔保温材料相结合，创建低辐射传热的结构，适合用于石化行业的成品油罐和储罐隔热，以及管道和设备的保冷及屋面隔热，展现出良好的节能效果。

现代工业生产的隔热保温材料主要可分为有机和无机两类。有机类保温材料主要包括多种高分子泡沫，例如橡塑泡沫、聚乙烯泡沫和聚苯乙烯泡沫等，这类材料因具有成熟的生产技术、规模化生产的可能性和优秀的保温性质而受到青睐。然而，它们通常在使用温度上受限（大部分不超过 100 ℃）且易燃，这影响了其防火性能。无机保温材料则根据硬度可以分为硬质和软质两类，其中硬质如硅酸钙和泡沫玻璃等，在施工过程中无法变形，必须预先进行成型，但这些材料容易破碎、成本较高且施工时损耗大。软质无机保温材料主要是由各种无机纤维材料做成的毡材，可以根据施工需要进行剪裁，并通过黏合剂或绑带进行现场固定。

目前广泛使用的无机软质保温材料包括人造的无机纤维类毡材如玻璃纤维毡、硅酸铝纤维毡、岩棉毡等，以及天然的石棉纤维毡。人造纤维毡材主要通过干法成型，技术成熟且生产效率高，但其结构疏松，导热系数相对较高。天然无机纤维毡则多通过湿法成型，形成的毡材结构均匀，保温效果好。

市场上迫切需要一种新型软质保温毡材，它应该避免使用如石棉等有害物质，具备不可燃性质、低热导率，施工简便，同时适合广泛用于设备和管道的保温任务。基于这样的需求，研究人员开发了 CAS3 型反射保温隔热材料，这种材料通过交替叠加保温片和反射层构成，率低热导、保温效果卓越，还能适应高温环境，并具备广泛的应用潜力。该材料维持了软质保温材料施工的便捷性，完全不含有害物质，符合职业健康和环境保护的标准，代表了一种既安全又高效的保温隔热解决方案。它成功解决了当前保温材料面临的一系列问题，如有机材料的使用温度限制、高易燃性、无机硬质材料的易碎性和高施工难度、成本问题，以及一些软质无机材料由于成分单一导致的保温性能不佳或含有致癌物质等问题。

该反射保温隔热材料的制作流程是：首先，在高速搅拌设备中加入大量水和所需的人造无机纤维、无机保温颗粒、反射片材、分散剂和黏结剂，经过长时间搅拌后形成均匀的浆料。然后，将浆料倒入模具中，利用真空吸附技术去除水分，从而形成薄片状材料。最后，将干燥后的薄片状材料和反射材料如铝箔交替叠层，通过黏合形成所需厚度的保温隔热材料。这种材料的结构有效阻断了热空气层间对流和热辐射，每层材料均成为独立的保温单元，显著提升了整体的保温效果。

由此制得的保温材料具有以下特点：

1. 导热系数低

该材料的导热系数为 0.03 ~ 0.045 W/（m·K）。而目前市面上的有机保温隔热材料的导热系数为 0.03 ~ 0.032 W/（m·K），无机硬质保温隔热材料的导热系数为 0.06 ~ 0.08 W/（m·K），传统的以石棉纤维为主的保温软毡的导热系数为 0.05 ~ 0.09 W/（m·K），干法成型的人造无机纤维毡的导热系数为 0.07 ~ 0.10 W/（m·K）。

2. 使用温度高、应用范围广

该材料的使用温度可以达到 1000 ℃，不燃烧，消防等级高，能广泛用于设备和管道的保温。

（二）耐高温隔热材料

在这个信息化和高科技快速演进的 21 世纪，新材料技术成为推动技术创新、新产品开发和新装备制造的核心动力，它为其他战略性新兴产业的发展提供了基础支撑。新材料产业正集中力量在六个关键方向上进行开拓和深化：特种金属功能材料、高级金属结构材料、高级聚合物材料、创新型无机非金属材料、高性能复合材料以及尖端新型材料。其中，创新型无机非金属材料的研发尤为关键，它对于航空航天、能源、交通和重大装备等领域的技术革新具有至关重要的作用。

所谓新材料，指的是那些性能远超传统材料的新近开发或处于研发阶段的材料。新材料技术涉及从理论研究、材料设计、加工制造到实验评测的全链条创新过程，目标是创造出能满足各式各样需求的新型材料。在新材料研究的领域中，开发耐高温的隔热保温涂料成为一个突破点。ZS-1 耐高温隔热保温涂料属于无机硅酸盐类，能够耐受的最高温度达 1800 ℃。它利用电磁屏蔽和抑制热传导的尖端技术，选用高质量化学原料和粒度超过 800 目的陶瓷空心微珠，实现了极低的热导率和高于 90% 的隔热效率。

ZS-1 耐高温隔热保温涂料的出色性能不仅推动了高新技术发展，也对中国传统产业的改造和升级以及跨越式发展发挥了重要作用。作为 21 世纪重要和发展潜力巨大的领域之一，新材料技术与信息技术、生物技术并驾齐驱。ZS-1 耐高温隔热保温涂料成功应用于石油化工、航天、电力、轻工、冶金、交通和建筑等多个领域，赢得了广泛赞誉。作为新材料领域的佼佼者，这种耐高温隔热保温涂料展现了巨大的市场潜力和发展前景。在 21 世纪，新材料的研制和应用成为科技进步的关键方向之一，标志着人类在物质性质认识和应用方面的深入探索，预示着更多创新材料将服务于民用、工业和国防领域。

（三）相变储能保温材料

相变材料利用物质相变过程中的吸热和放热特性来实现能量的储存与释放。例如，固—液相变材料在环境温度升至其熔点时会吸收大量热量并从固态转变为液态；相反，当温度下降至凝固点以下时会释放热量并从液态回转为固态，可以利用这一过程调节温度。相变过程中涉及的能量被称为相变潜热。通过将相变材料整合到建筑材料中，可以制得既轻质又具有高潜热的相变保温建筑材料。

相变材料在建筑保温中的应用基础在于其关键的热物理属性，包括相变潜热、导热系数、比热容、膨胀系数和相变温度等。这些属性决定了相变材料的热储存密度和热量吸收／释放的速度。理想的建筑用相变储能材料应该具有高相变潜热、良好的可逆性、出色的耐用性、最小的体积膨胀或收缩、较少的过冷和过热现象、适当的相变温度（大约 20 ℃）、高导热系数和储热密度、无毒无腐蚀性、成本低廉、生产简便，以及能够与建筑材料良好兼容等特性。

根据应用温度范围，相变材料可以分为高温、中温和低温相变材料；根据相变过程中状态的变化，可以分为固—固、固—液、固—气和液—气相变材料。其中，涉及气相的相变材料因体积变化大而不适合用作保温材料。建筑保温领域主要使用的是低温相变材料，这些材料根据结构可以细分为无机相变材料（例如熔融盐和结晶水合盐）、有机相变材料（包括石蜡类、脂肪酸类和多元醇类）以及复合相变材料三大类。

1. 相变石膏板

将特定相变材料整合入石膏板中，可以制造出具有能量储存功能的保温石膏板，这类石膏板特别适合作为外墙保温材料。例如，通过将正十八烷与正十六烷按 95∶5 的比例混合，并与交联聚乙烯一起熔融共混，可形成储能微球。这些微球随后融入石膏板中，创造出具有储热功能的保温石膏板。此外，将硬脂酸和棕榈酸作为相变材料，通过浸渍和直接添加两种不同的方法制备相变保温石膏板。差示扫描量热法（DSC）的分析显示，采用浸渍法得到的石膏板内相变材料的含量在不同位置有所不同，而采用直接添加法则能使相变材料在石膏板中分布得更加均匀。另外，通过将石蜡吸附于陶粒表面，再将其与Ca^{2+}溶液反应以封装形成储能颗粒，这些颗粒与石膏混合后加水固化成型，可制备相变储能石膏板。引入这类储能颗粒能显著增强石膏板的能量储存密度和延长热能保持时间，这对于提升使用空调的建筑物的能效具有重要作用。

2. 相变混凝土

相变混凝土是一种新型混凝土材料，它以混凝土为基体，融入了相变材料。由于具备高比热容的特性，使用这种材料建造的墙体能有效优化室内温度环境，增强居住舒适度。采用浸渍法制备的相变保温混凝土，经测试，展现出比传统混凝土更优异的热存储能力。此外，实验还表明，气流速度对这种混凝土吸收和释放热量的能力有显著影响，进一步突显了其在调节室内温度方面的潜力。

3. 相变砂浆

将相变材料集成到砂浆或水泥中，能够制造出具备能量调节功能的相变保温砂浆。例如，闫全英团队采用高密度聚乙烯作为承载体并混合石蜡（熔点28.2 ℃）制备出一种形状稳定、强度高且分布均匀的定形相变材料。将这种材料加水泥砂浆可制得具有理想相变温度和高潜热特性的相变保温砂浆，这种砂浆能有效调节室内温度。德国巴斯夫公司（BASF）采用创新技术，将石蜡包裹在直径仅为 20um 的微球中，这些微球被混入水泥制成的砂浆中，设定的相变温度为 22 ℃，主要应用于内墙保温。这种砂浆的储热能力是传统建筑材料的 10 倍，显示了相变材料在提高建筑保温效果中的巨大潜力。

二、保温隔热材料节能技术的发展

（一）国内外保温隔热材料技术

在建筑节能领域中，外围护结构特别是墙体的热损失问题占据了重要位置。由于墙体在外围护结构中占有显著比重，因此，墙体材料的创新和节能技术的进步成为提高建筑节能效率的关键环节，也是建筑行业普遍关注的焦点。

墙体材料的创新与土地使用、资源管理、能源消耗、环境保护以及建筑能效的提升密切相关。在众多方面的共同推动下，中国在更新和推广墙体材料方面取得了显著进展，新型墙体材料及其产品的研究、开发和应用领域持续拓展，这为经济和社会带来了显著的效益。然而，新型墙体材料的推广和节能建筑实践仍面临挑战，如产品多样性不足、技术水平有待提升，以及传统产品未能完全退出市场等问题。在我国，尽管已有多数城市禁止使用高能耗、高污染的黏土实心砖，但某些地区由于特定条件仍难以彻底禁用。

在全球范围内，墙体材料的发展迅速，尤其是在美国、日本、加拿大、法国、德国和俄罗斯等国家，这些国家在生产和应用诸如混凝土砌块、纸面石膏板、灰砂砖、加气混凝土以及复合轻质板等多种产品方面走在了前列。以欧洲为例，混凝土砌块在墙体材料市场的占比为10% ~ 30%，产品种类繁多，标准化程度高。同时，美国和日本在纸面石膏板的规模化生产方面取得了显著成就，并且在生产过程中广泛回收利用工业废弃的石膏。德国在灰砂砖的应用和生产上处于前列，而俄罗斯是加气混凝土的主要生产和消费国。加气混凝土的性能也在朝轻质、高强度和多功能方向发展。同时，轻质板材，如玻璃纤维增强水泥板和硅酸钙板等，也在不断发展和完善。

总的来说，推动节能、环保型新型墙体材料的发展和应用是我国建筑节能工作的重要任务之一，旨在实现建筑业的可持续发展目标。

（二）新型墙体材料节能技术

新型墙体材料包括使用非黏土原材料制成的砖块、砌块和板材等墙体构件，它们通常具有轻质、高强度、节能和优良的保温隔热性。这些材料的节能技术主要通过提升材料的热工性能来增强墙体的节能效果。为了达到建筑节能设计的标准，常常需要在这些新型墙体材料的基础上添加额外的保温隔热层（例如聚苯板、玻璃棉板等），进而创建具有复合节能特性的墙体结构。这种墙体在建筑的外围结构中被称作复合外墙，根据保温层的安置位置，可以细分为墙体内部保温、墙体外部保温和墙体中间夹层保温等不同类型。

墙体内部保温是将保温材料安装在外墙的内侧，这是一种传统保温方法，以其施工便利性为优点。但这种方法容易导致内部保温层损坏和维修困难，特别是在处理热桥问题时存在困难，导致较大的热能损失。墙体内部保温主要包括：贴附或砌筑保温板后抹保护层、安装复合板并粘贴聚苯板后用石膏进行面层处理、安装岩棉轻钢龙骨纸面石膏板以及直接抹用保温砂浆等多种做法。

墙体外部保温技术由于显著的优势，已经成为目前广泛采用的一种建筑保温方法。这项技术主要的优点包括提供更佳的保温和隔热效果、减少热桥现象、延长建筑使用寿命，同时适用于各种新旧建筑及不同的气候条件。与内部保温方法相比，它能够扩大室内空间的利用率，并有利于提升建筑外观。不过，实施墙体外部保温技术对施工过程的质量控制和材料选择都提出了较高的要求。

传统的单层砖墙通常难以达到节能设计的要求，因此，更常见的做法是采用复合墙体结构。这种结构是在新型墙体材料的基础上添加了如聚苯板、玻璃棉板等保温隔热材料，从而形成了包括外挂式外保温和聚苯板夹心墙体等在内的多种节能墙体类型。

外保温技术虽然具备优越的防水性能和较低的施工要求，但可能存在热桥问题和较差的抗震性能。为解决这些问题，外墙夹芯保温技术将保温层夹于内外墙体之间，或使用保温承重装饰空心砌块，集保温、承重、装饰于一体，解决了裂缝、高造价等问题，并推广了墙体自保温技术。

墙体自保温技术通过采用自保温墙体材料，如加气混凝土砌块、自保温砌块等，使墙体达到节能标准，无须额外保温措施。这种技术具有造价低、施工便利等优势，是节能减排、可持续发展的重要途径。

虽然当前多种墙体保温技术在市场上广泛应用，各具优势，但也存在一定的不足，如寿命短、防火性能低、外观受影响等问题。与之相比，墙体自保温技术因综合造价低、施工简便、易于维护等优点，在众多地区得到了积极推广。

在选择具体的节能措施时，应综合考虑项目特性、节能效果、墙体结构及装饰要求，以及成本和工期等因素，以实现节能、经济、实用的建筑设计目标。随着建筑节能技术的不断发展，外墙自保温材料的研发和应用也需要进一步加强，以满足不断增长的建筑节能需求。

第二节　绿色建材在建筑防水中的应用

防水材料是建筑材料中用于防止雨水、地下水等水源渗透的关键功能性材料。它们主要用于保护建筑免受水分和盐分侵蚀，防止潮湿、漏水和渗透，从而维护建筑结构的完整性。建筑物因地基不均匀沉降、结构变形、材料热胀冷缩及施工过程中的损伤等因素容易产生裂缝，因此防水材料需有效抵抗这些变化造成的渗漏和破坏。

在过去，建筑防水领域主要集中于防水材料的物理和机械性能、实用性能以及成本效益，较少考虑其生产、施工和使用对人体健康及生态环境的影响。然而，随着中国可持续发展战略的实施和绿色建筑概念的普及，公众对生态环境保护的意识不断增强。这促进了节能、环保且高品质的新型绿色防水材料的快速发展，并在建筑工程中得到了广泛应用。

一、绿色防水材料的特点和分类

（一）绿色防水材料的特点

绿色防水材料作为绿色建筑的重要组成部分，旨在减少对自然环境和人体健康的不良影响。这类材料具有以下核心特征：

（1）资源的合理利用。优先使用可再生资源如木材和稻草，减少对不可再生资源如矿物和化石燃料的依赖，强调资源的循环再利用及废物的再使用。

（2）节约能源。减少煤、石油和天然气等有限资源的消耗，采用节能措施减少电力使用，并积极推广太阳能、风能和水能等清洁能源的应用。

（3）保护生态环境。通过合理高效的资源利用和降低材料与能源消耗，减少污染物排放，避免使用对环境有害的材料，禁止使用有毒物质。

（4）保障人体健康。遴选对人体健康影响小的材料，减少室内外污染物的影响，利用自然光照促进身体健康，同时采用高性能窗户增加阳光照射，降低噪声污染。

（5）良好的耐久性。防水材料需具备优异的耐用性，长久的使用寿命可以减少更换频率，部分产品还可以再利用，以此减轻制造和废弃处理对环境的负担。

在研发和应用绿色防水材料过程中，应全面考虑环保性、经济性和实用性，力求实现材料的水性化、高固含量、粉末化和生态化。在选择原料时避免使用沥青、有机溶剂、重金属和有害添加剂。确保生产和施工过程环保、无毒、无污染，同时，材料应整合防水、隔热保温、防火吸声及装饰等多重功能，确保生产工艺简便安全，而且将成本控制在合理范围内。

（二）绿色防水材料的分类

建筑防水材料主要可分为瓦式防水、刚性防水与柔性防水三大类。其中，传统如烧结瓦、油毡瓦、平瓦等瓦式防水材料已逐渐被市场淘汰，而柔性防水材料成为目前的主流选择。

根据组成成分，防水材料主要可分为沥青基防水材料和合成高分子防水材料两大类。在沥青材料中添加矿物质和高分子填充料进行改性，可形成沥青基防水材料。而合成高分子防水材料则是利用石油化工和高分子合成技术生产的，这类材料以特点为高弹性、延伸性好、抗老化能力强和能实现单层防水。

按照材料的形态，防水制品分为防水卷材、防水涂料和密封材料等类型。防水卷材是将沥青或合成高分子材料浸渍到基材上制成的卷状产品，包括沥青防水卷材、高聚物防水卷材以及合成高分子防水卷材等。防水涂料则通过将黏稠的液体材料涂抹于建筑表面，并通过化学反应形成保护膜来实现防水密封功能。密封材料主要用于填补建筑接缝、门窗缝隙等部位，起到防水密封的效果。

二、绿色防水卷材

（一）SBS改性沥青防水卷材

SBS改性沥青防水卷材利用SBS作为增塑剂融合沥青，其中SBS的添加比例通常占沥青总量的10%～15%。这种融合通过分子层面的相互作用形成结合紧密的混合体，从而显著提升沥青的弹性、伸展性、耐高温性、柔韧度和耐用性。

根据表面材料的不同，SBS改性沥青卷材可分为聚乙烯膜（PE）、细沙（S）和矿物料（M）三种类型；基于胎基材料，又可以分为聚酯胎（PY）和玻璃纤维胎（G）两种；而根据物理和机械性能，分为Ⅰ型和Ⅱ型。综合考虑胎基和表面材料，共有六种不同的SBS改性沥青卷材。

这种卷材的延伸率可高达150%，有效工作的温度范围宽广，为-38～119℃，并且具有出色的耐疲劳性能，在进行1万次疲劳循环测试后仍能保持正常性能。

SBS改性沥青卷材特别适用于屋顶和地下的防水工程，尤其是在较低温度环境下的建筑防水中表现出色。在使用过程中，需要注意确保卷材平整紧密地卷放，胎基需彻底浸透，避免出现未浸透的条纹，同时卷材表面不能有孔洞、缺口或裂纹。

（二）APP改性沥青防水卷材

APP改性沥青防水卷材利用聚酯毡或玻璃纤维毡作为底层支撑材料，并采用通过无规聚丙烯（APP）或聚烯烃类聚合物（例如APAO、APO）改性的沥青为浸渍基质，最后双面覆以隔离材质完成制作。这种卷材因具有卓越的耐高温特性、出众的防水性和抗腐蚀能力而受到推崇，其软化点超过150℃，能够在-15～130℃的温度范围内稳定工作。

相较于SBS改性沥青防水卷材，APP改性沥青防水卷材在低温下的柔韧性稍逊，但其耐高温、抗紫外线老化的性能更加优越，适合用于屋面和地下防水工程，以及道路、桥梁等各类建筑物的防水工作。特别适合应用于高温环境或受强烈太阳辐射地区的建筑防水处理。

对于玻璃纤维增强的聚酯毡卷材，可被用于机械固定的单层防水系统，但需要通过抗风荷载测试以确保其稳定性。当卷材与涂膜防水材料复合使用时，它们应该是相容的，并且卷材应放置在涂膜之上；而与防水砂浆复合使用时，则应将卷材置于防水砂浆之下，以达到最佳的防水效果。

（三）三元乙丙橡胶防水卷材

三元乙丙橡胶防水卷材是一种高品质的合成橡胶防水材料，主要成分为三元乙丙橡胶，配合补强剂、增塑剂、抗老化剂和硫化促进剂等辅料，通过密炼、冷却、过滤、加硫、挤出和连续硫化工艺生产而成。

此类卷材具备众多显著特点：寿命长久，屋顶使用寿命可超过20年，地下应用则可达50年；具有高延伸率和较高的拉伸强度，经热处理后尺寸稳定性好；对植物根系具有良好的抗穿透性，适合用作种植屋顶的防水层；在低温条件下保持良好的柔韧性，能够适应环境温度的变化；施工便捷，接缝处搭接牢固可靠，不会造成环境污染；抗化学腐蚀性能优异，适合在特殊环境应用；便于维修，具有良好的抗穿孔性。

三元乙丙橡胶防水卷材被广泛用于众多防水工程中，包括工业及住宅建筑的屋顶防水、地下室防水、水库防水、市政设施防水、地铁和隧道防水等。这种卷材特别适用于那些对耐用性和抗腐蚀性有较高要求，以及容易发生形变的关键防水项目。

根据具体工程需求，可以采取满铺、条铺、点铺或空铺等多种施工方法。关键部位应增设附加层以加强防水性能，附加层可以选择卷材或聚氨酯涂料（如有必要，加入胎基布)进行处理。若需设立保护层，一般还需添加隔离层。对于外露的卷材，涂刷专用的保护涂料不仅可以达到保温隔热效果，还能延长材料的使用寿命。

（四）TPO防水卷材

TPO防水卷材是将三元乙丙橡胶与聚乙烯或聚丙烯共混并采用塑料工艺制作而成，结合了橡胶和塑料的优点，成为一种无增塑剂、环境友好型的防水材料，因具有耐臭氧、对微生物的抵抗性和耐火性，成为应用广泛的防水卷材。特别是其白色膜能反射太阳光，有助于节能和减轻城市热岛效应，且材料可以完全回收再利用。

TPO防水卷材作为一种先进的绿色防水材料，其应用范围广泛，包括地下、地铁和隧道工程、地下停车场以及各种暴露或非暴露的屋顶防水工程。此外，它还适用于水池、水渠、污水处理场和垃圾填埋场等特殊防水工程。

其主要优势包括以下几点：

（1）环保性。由于TPO主要由烯烃聚合物构成，不含有害化合物，生产和应用过程环境友好。

（2）耐老化性。TPO的耐久性高，即使长期暴露于紫外线和臭氧中，其性能也可保持稳定。

（3）可回收性。作为热塑性弹性体，在TPO生产和使用过程中产生的废料可以被回收和再次利用。

（4）可焊接性。通过热焊接技术，TPO卷材能实现接缝的牢固封闭，确保防水层的完整和可靠性。

（5）广泛的使用温度范围。TPO卷材在-60～至130℃的温度范围内都能保持良好的性能。

（6）尺寸稳定性。加热后伸缩量小，变形小，适用于高要求的膜结构建筑。

（7）节能效果。加入白色颜料的白色TPO卷材具有高反射率，可以有效反射日光，达到隔热降温的效果。

三、绿色防水涂料

（一）水性沥青聚氨酯防水涂料

水性沥青聚氨酯防水涂料结合了聚氨酯聚合体和沥青乳液的优点，采用科学的配方和先进的生产工艺制备而成，具有稳定的产品性能。该防水涂料广泛适用于建筑领域的多种防水场合，如屋面、地下室、浴室、污水处理设施和游泳池等。然而，需注意的是，其在雨雪天气或气温低于0℃的环境下不宜进行施工。

利用沥青的丰富可得性、优秀的防水特性和低成本优势，结合彩色聚氨酯防水涂料，既保留了彩色聚氨酯的高性能特点，又有效降低了成本。因此，这种涂料不仅具有显著的经济和社会价值，还拥有广阔的市场潜力。

（二）JS防水涂料

JS防水涂料是由聚合物乳液与添加剂的液料和水泥、无机填料及助剂的粉料组成的双组分水性防水涂料，是环保型防水材料的典范。这种涂料既不会对环境造成污染，又具有稳定的性能、出色的耐老化性和长久的防水寿命。它施工便捷，可直接在无水的湿润表面施工，展现出强大的黏结力，能与水泥基面紧密结合，黏结强度高于0.5 MPa，并对许多材料都具有良好的黏附性。材料的弹性和延伸率高达200%，因此具有卓越的抗裂、抗冻和低温柔性能，施工性好，无泡沫，固化快，成膜效果佳。

JS防水涂料的性能取决于液料与粉料的比例及其组分含量，通过调整这些比例或组分用量，可以制得具有不同性能特点的产品。这为根据防水工程的具体需求定制涂料性能提供了空间，既能满足技术要求，又有助于控制成本。

JS 防水涂料广泛适用于新旧混凝土、砖石砂浆和金属表面，无须严格控制基层含水率，可在湿润环境中施工，适用于地下混凝土结构、建筑内外墙、卫生间、蓄水池、地下隧道、人防工程和水库大坝等防水工程。

（三）无溶剂型聚氨酯防水涂料

环保型无溶剂聚氨酯防水涂料是一种异戊酸酯和多羟基化合物产生化学反应生成的高分子聚合物后形成的双组分流体涂料。该涂料工作原理是将基聚合物和交联剂按一定比例混合后，涂布于待防水表面并让其自然干燥，大约 24 h 内就能干燥成一层具有强黏结力的橡胶状弹性膜，且可通过添加催化剂来加速干燥过程。这种涂料能够与基层紧密结合，形成一道有效的防水和防腐层。通过采纳无害溶剂的创新配方，如避免使用煤焦油和二甲苯等，这种涂料实现了环保目标，消除了传统聚氨酯防水涂料中高溶剂含量的问题。

无溶剂聚氨酯防水涂料展现了卓越的黏结力、耐磨性和适应各种气候条件的能力。此涂料不仅具备防水隔湿、保温隔热和节能绝缘的效果，还拥有抗腐蚀、防老化、良好的弹性和长期稳定性等多方面的优势。这使其非常适合在对防水和防腐要求苛刻的项目中使用，例如纺织机械、石油化学、电力和冶金、城市民防等领域的屋顶及地下室，以及建筑防水、化工防腐、冷库防裂隔气等场合。它为替代传统如玻璃钢内衬、胶泥覆面以及传统的"四油三毡"等老式施工技术提供了先进的解决方案，代表了国内防水防腐材料技术的重要发展。

（四）AST 合成高分子防水涂料

AST 合成高分子防水涂料是一种采用多元化的高分子聚合物基础，并集成了触变剂、防沉淀剂、增稠剂、抗老化剂及催化剂等多种添加剂，经过特殊工艺精炼成的水性乳胶型防水涂层。该涂层因具有优异的弹性和防水特性而闻名，并且无毒无味，因此成为安全和环保的选择。与传统的溶剂型防水涂料和卷材相比，AST 防水材料的环保和安全性能尤其突出。它不仅对环境友好，而且对人体健康无害。该涂层还展示出卓越的耐水性、耐碱性和耐紫外线能力，同时具备高的断裂伸长率、拉伸强度和自我修复性能。

此外，该防水材料展现了出众的耐老化特性，能够在紫外线照射和温热环境下保持性能稳定，其使用寿命可达 20 年以上。对于各类常见的建筑基面材料，包括混凝土、玻璃、陶瓷、塑料和金属等，该涂料均展示了卓越的修补和粘接效果，确保黏合力度高、不会发生脱落或层次分离，形成了坚固的防水保护层。其优秀的渗透力使涂料能够深入渗透至水泥基层的细小空隙中，有效封堵水分渗透路径，从而保障防水效果的长效可靠。

AST 合成高分子防水涂料的颜色可根据设计需求和用户偏好进行调整，具有优异的隔热保温和装饰效果，因此成为既具装饰性又富有多功能的防水材料。它广泛适用于各类建筑的屋顶、地下室、室内卫生间和厨房、阳台、窗台、管道及水塔、游泳池、隧道和钢结构屋面等防水工程，能满足全国各种建筑气候区的施工要求。

四、其他绿色防水材料

（一）刚性防水材料

1. 透水性沥青混凝土

排水性沥青路面是自 20 世纪 80 年代起在发达国家广泛推广的一种机动车道专用路面，采用了高黏度改性沥青制成的表层透水、中层排水结构。这种路面设计的主要优势在于能有效防止积水，提升防滑与降噪性能，并显著减少交通安全隐患，因而被许多先进国家的道路规范采纳。

透水性沥青混凝土与传统沥青混合料的主要区别在于它具有较高的孔隙率和使用了更大比例的粗骨料，采纳了高黏度的改性沥青，这样的沥青因卓越的高温稳定性和强力黏合特性而被选用。得益于这些特质，透水性沥青混凝土展现出优异的道路性能：可以有效避免雨水在路面上形成水膜，从而提高路面的抗滑性；减少路面反光，提升道路标识的可见性，进而增加驾驶的安全性和舒适度；能吸收车辆行驶产生的噪声，为城市交通创造更加宁静的环境。

透水性路面采用透水性材料建设，可在雨季有效减轻城市排水系统的压力，促进地下水补给，维持土壤湿润，以及增加城市的透水和透气面积。这类路面在调节城市气候、降低地表温度和促进城市生态环境的改善方面发挥了重要作用。

透水性路面根据排水特性，可分为全透水型和半透水型（排水型）两大类。全透水型路面的设计确保各层都具有优良的透水能力和充足的结构强度，这样可以保证雨水快速通过路面渗透到下方的自然土壤中，完成其基本的透水功能。半透水型路面的顶层设计为透水层，而其下方设置了防水层，通过路面的倾斜角度使渗透的水流向设置的盲沟或盲管，并最终流入雨水井，实现有效的水流管理。

2. 多孔混凝土

多孔混凝土，也被称作透水混凝土，是一种特殊的轻质混凝土材料。其主要由粗骨料、水泥以及水混合而成，特别之处在于不添加细骨料。这种材料通过粗骨料表面被薄薄一层水泥浆覆盖并黏结，形成了均匀分布的蜂窝状孔隙结构，因而展现出良好的透气性、透水性和轻量化特性，因此亦被称为排水混凝土。这种材料的开发和使用源于发达国家对传统城市道路面材料存在问题的解决方案，旨在使雨水得以渗入地下，有助于补充地下水资源，从而缓解城市地下水位下降的问题，改善城市环境。

多孔混凝土通过独特的结构能够有效减少地面油类化合物等环境污染物，是一种既保护自然环境又维护生态平衡的铺装材料。它有助于缓解城市热岛效应，对城市雨水管理和水污染防治工作具有重要价值，对促进人类生存环境的良性发展起到积极作用。多孔混凝土的应用还具有美化环境的功能，其配方中包含多样的色彩，可以根据不同环境和设计要求的装饰风格进行个性化施工铺设，满足多样化的装饰需求。

3. 护坡生态混凝土

护坡生态混凝土是通过将混凝土集料与特定的生态护坡添加剂按一定比例配合并通过现场浇筑施工，形成既能保护坡面又能促进生态平衡的创新材料。这一技术涵盖了植生生态混凝土和反滤生态混凝土两种主要类型，旨在环境保护与生态恢复中发挥关键作用。

植生生态混凝土技术基于传统混凝土的强度和耐久性要求，进一步融入环保理念，以减少环境负担并丰富环境景观为目标而开发。这种技术起源于日本，是一种将混凝土与自然环境和谐融合、对生态平衡起积极作用的先进技术。植生生态混凝土通过将精确配比的粗骨料、水泥、少量水及添加剂混合，制成具有米花糖状、均匀分布的孔隙结构的混凝土。除了具有高强度的护堤功能，其多孔性和透气透水性使植物和水生生物能在其中生长，从而达到净化水质、美化景观和完善生态系统的目的。

反滤生态混凝土，具有高强度、高孔隙率和小孔径的特性，可达到耐久、透水、反滤的护坡效果；而植生生态混凝土则结合高强度、大孔隙率和合理孔径的特点，支持多样的植被生长，满足高绿化覆盖率的设计要求。

这种护坡生态混凝土因具有优良的物理和生态性能，如高强度、良好的耐久性、抗冲刷和抗冻融能力，以及能够促进水生态环境改善和水质净化的特性，而广泛应用于河流护岸、大坝生态保护、水库加固、水利工程和水域边坡治理等领域。

（二）建筑防水密封材料

1. 水乳型丙烯酸酯密封膏

水乳型丙烯酸酯密封膏以丙烯酸酯乳液为主要黏结剂，并添加少量的表面活性剂、改性剂、增塑剂以及填料和颜料经过搅拌和研磨制成。该密封材料具备良好的黏结特性、优异的弹性及低温下的柔韧性，同时因为没有溶剂污染，具有无毒、不燃的特点，可以在湿润基面上进行施工，使用十分便捷。它还在耐候性和抗紫外线老化性能上有特别突出的表现，适用性广且价格经济。虽然在综合性能上可能不及聚氨酯、聚硫、聚硅氧烷等高端密封材料，但在特定应用领域内依然表现优异。因为含有水分，在低于 0 ℃ 的环境下不宜使用，同时在施工时需考虑水分蒸发可能导致的体积收缩，适合用于混凝土、石板、木材等多孔材料接缝的密封。

这种材料主要适用于建筑物的屋面、墙体板缝、门窗缝等区域，但不适用于承受交通压力的广场、公路、桥梁接缝，也不适合用于水池、污水处理厂、堤坝等经常接触水的环境。

2. 聚硫橡胶密封膏

聚硫橡胶密封膏是一种高性能的双组分型密封材料，主要成分为液态聚硫橡胶，与金属过氧化物等硫化剂反应，可在常温下硫化固化。它是目前全球范围内应用极为广泛且技术成熟的弹性密封材料之一。

这种密封材料的最大优势在于具有超高的弹性，能够有效应对各类变形和震动，确保黏结稳固。它还具备高拉伸强度、高延伸率，以及卓越的耐候性、气密性和水密性。此外，聚硫橡胶密封膏在低温条件下依然保持良好的柔韧性，适用温度范围广泛。它对各种材料，包括金属和非金属如混凝土、玻璃、木材等，均有良好的黏结效果，可通过常温或加温方式固化。

由于具有出色的性能，聚硫橡胶密封材料被广泛用于多种场合，包括高层建筑的接缝防水防尘密封、中空玻璃的周边密封、建筑门窗的玻璃装嵌密封，以及游泳池、储水池、冷藏库等场所的接缝密封，有效保障了建筑和设施的密封性能。

3. 聚氨酯密封膏

聚氨酯密封膏是一种广泛应用于建筑、汽车制造、船舶和航空工业等领域的粘接和密封材料。它以卓越的性能和多功能性成为现代工业和日常生活中不可或缺的材料之一。聚氨酯密封膏具有优异的黏结力、耐候性、耐化学品性和耐温性，能够满足各种复杂和苛刻环境下的应用需求。

聚氨酯密封膏的主要成分是聚氨酯预聚物，通过与水分反应固化成为具有强大黏结力的弹性体。这种材料能够在广泛的温度范围内保持性能，不仅能够抵抗极端的热量和冷冻，还能够承受长时间的紫外线照射和恶劣天气的侵蚀，保证长期的密封和黏结效果。

在建筑行业中，聚氨酯密封膏被用于窗户、门、墙面等的密封，可以有效防止水分和空气的渗透，提高建筑物的能源效率，并且保证室内的舒适度和卫生条件。此外，由于其出色的黏结能力，其还被用于地板、屋顶、浴室和厨房等区域的密封，以及各种建筑材料的黏结。

在汽车制造领域，聚氨酯密封膏被用于车身的黏结和密封，提高汽车的整体刚性和耐久性，同时能够减少噪音和振动，提升驾驶舒适性。此外，它还被用于风挡玻璃的安装，确保良好的视野和安全。

船舶和航空工业也广泛采用聚氨酯密封膏，用于密封船体和飞机的各种接缝，以及修补损伤，确保结构的完整性和安全性。由于聚氨酯密封膏具有良好的耐盐水性和耐油性，特别适用于这些领域的苛刻环境中。

除了上述应用之外，聚氨酯密封膏还被广泛应用于电子产品的封装、医疗设备的密封和一些家用产品的制造中。随着科技的发展和市场需求的增长，聚氨酯密封膏的种类和性能也在不断地增多和优化，以满足更多的应用需求和挑战。

总之，聚氨酯密封膏以优异的性能和广泛的应用范围，成为现代工业中不可或缺的材料。无论是在建筑施工、车辆制造、船舶维修还是在航空航天领域，聚氨酯密封膏都发挥了重要的作用，为人们的生产生活提供了极大的便利和安全保障。随着技术的进步和应用的拓展，其未来发展前景将更加广阔。

五、绿色防水材料的选用及发展趋势

（一）绿色防水材料的选用

1. 坡屋面材料

坡屋面是建筑设计中常见的一种屋面形式，尤其是在雨雪较多的地区，其设计不仅能够有效地引导雨水流走，还能增加建筑的美观性和个性化。坡屋面的材料选择对于确保屋面的耐久性、保温性以及最终的美学效果至关重要。随着建筑技术的发展和环境意识的提高，市场上出现了多种坡屋面材料，包括但不限于瓦片、金属、沥青瓦、木材和合成材料等，每种材料都有独特的特点和应用范围。

（1）瓦片材料。瓦片是坡屋面中传统且广泛使用的材料之一，包括陶土瓦、水泥瓦和石板瓦。陶土瓦色彩丰富、质感温润，能够为建筑增添经典和温馨的氛围。而水泥瓦以优异的耐候性和较低的成本而受到青睐。石板瓦则以独特的天然纹理和极长的使用寿命著称，但其重量较大，需要建筑结构有足够的承重能力。

（2）金属材料。金属屋面材料包括铝、钢、铜和锌等，因具有良好的耐候性、轻质高强和易于成型的特点而越来越受到欢迎。金属屋面可以抵抗极端天气，如暴风雨和大雪，并且可以将其设计成多种颜色和型式，满足现代建筑的美学需求。此外，金属屋面的反射性能能有效降低建筑的热岛效应，减少能源消耗。

（3）沥青瓦。沥青瓦是一种轻质、经济且安装简便的坡屋面材料，适用于多种屋面斜度。它由在玻璃纤维或有机纤维基板表面涂覆改性沥青并撒上彩色矿物质颗粒制成。沥青瓦具有良好的防水性能和适度的耐候性，颜色和样式多样，能够满足不同建筑风格的需求。

（4）木材。木材作为一种传统的屋面材料，以天然的美感和良好的环境适应性被广泛应用于别墅、度假屋等建筑。木质屋面可以提供优良的保温性能和独特的自然纹理，营造出温暖和亲近自然的氛围。然而，木材需要定期维护以防腐蚀和虫害，且其防火性能略逊一筹。

（5）合成材料。近年来，随着科技的进步，一系列合成材料如塑料和橡胶复合材料开始被用于坡屋面。这些材料通常具有较轻的重量、良好的耐候性和多样化的外观设计。它们可以模仿天然材料的外观，如石板和木材，同时具有更长的使用寿命和更低的维护成本。

选择合适的坡屋面材料需要综合考虑建筑的地理位置及所处位置的气候条件、建筑风格和预算等因素。传统材料如瓦片和木材提供了经典的美感和天然的温度调节能力，而金属和合成材料则以现代感、耐久性和低维护需求而受到青睐。无论选择哪种材料，合理的设计和正确的安装都是确保坡屋面长久耐用的关键。随着建筑技术的不断发展，未来可能会有更多创新的材料和技术应用于坡屋面，以满足更高的环保、节能和美学需求。

2. 平屋面材料

平屋面由于设计的简洁性和功能性成为现代商业和部分住宅建筑中常见的选择。不同于坡屋面，平屋面提供了额外的空间利用，如屋顶花园、休闲区或者其他商业用途。然而，平屋面的设计和材料选择需考虑排水、保温、耐用性等因素，以确保长期的性能和可持续性。目前市场上主流的平屋面材料包括防水卷材、合成膜、喷涂泡沫、绿色屋顶系统等，每种材料都有独特的优点和应用场景。

（1）防水卷材。防水卷材是平屋面常用的一种材料，包括沥青卷材和改性沥青卷材。沥青卷材因具有良好的防水性和经济性被广泛应用，可以通过热焊、自粘或机械固定等方式安装。改性沥青卷材通过添加聚合物提高了材料的弹性和耐久性，适用于温差较大的环境。这类材料通常需要专业的安装团队，以确保屋面的长期防水性能。

（2）合成膜。合成膜屋面系统，如聚氯乙烯、热塑性聚烯烃和乙丙橡胶等，提供了优异的防水性和耐化学性。这些轻质、高强度的材料可以适应不同屋面的设计需求，易于安装且维护成本低。特别是后两者，以环境友好和高反射性能而受到青睐，有助于降低建筑的能源消耗。

（3）喷涂泡沫。喷涂聚氨酯泡沫屋面系统由液态聚合物和发泡剂现场混合后直接喷涂在屋面基层上，固化后形成连续、无缝的保温和防水层。喷涂聚氨酸泡沫具有极佳的绝热性能和适应性，能够填补屋面的裂缝和缝隙，提高整体的气密性和水密性。此外，喷涂聚氨酸泡沫屋面的反射率高，能有效减少热岛效应，但需要定期检查和维护以保持其性能。

（4）绿色屋顶系统。绿色屋顶，也被称为生态屋顶，是一种结合了植被层的平屋面系统。它不仅提供了良好的防水和保温性能，还能够增加建筑的美观性，提升生物多样性，减少雨水径流，并改善城市环境。绿色屋顶分为广泛型和集约型两种，广泛型适用于不需要经常维护的屋顶，而集约型则类似传统的花园，可以种植较大的植物和树木。绿色屋顶需要特别设计的层次结构，包括防水层、排水层、滤层和生长介质层，以支持植物生长并保证屋顶的持久性。

平屋面的材料选择是一个综合考虑多种因素的过程，包括建筑的功能需求、气候条件、预算以及对可持续发展的承诺。随着技术的进步和市场的发展，新材料和新系统不断涌现，为建筑师和开发商提供了更多的选择和灵活性。从经济实用的防水卷材到环保高效的绿色屋顶，每种材料都能在特定的应用场景中发挥独特的价值。选择最合适的屋面材料，不仅能够确保屋面的功能性和耐用性，还能够提升建筑的整体价值和建筑环境的质量。随着对建筑环境的日益关注，预计未来平屋面材料将继续朝更加高效、可持续和多功能的方向发展。

3. 地下防水材料

迎水面的首选材料通常是自粘无胎体改性沥青油毡。这种材料具有工厂加工度高、施工容易、无污染、黏结牢固、价格低廉等优点，易于推广。相比之下，有胎体增强的自粘改性沥青油毡由于边缘易吸水，不太适合在地下使用。此外，高分子片材中的丁基橡胶和新兴的热塑性聚烯径防水片材也是较为适合的选择。

背水面所用的材料适合选用结晶渗透性水泥基涂料。这种涂料在各国都有广泛的应用，特别适合用于深度开挖的地下结构的外防内贴式防水。

（二）绿色防水材料的发展趋势

绿色防水材料在建筑领域中的应用越来越广泛，主要是因为它们能够在提供必要的防水性能的同时，减少对环境的影响，提升建筑物的能源效率，并支持可持续发展目标。随着全球对环保和可持续建筑重视程度的不断提高，绿色防水材料的发展展现出几个明显的趋势：生态友好的原料选择、技术创新与性能提升、系统化和集成解决方案以及循环利用和生命周期考量。

1. 生态友好的原料选择

绿色防水材料的生产越来越多地采用自然可再生或回收材料，如天然橡胶、再生塑料、生物基聚合物等，减少了对石油等非可再生资源的依赖。这些材料的生产过程也在努力降低能耗和减少温室气体排放，以减轻对环境的影响。此外，通过添加生态友好的添加剂，如天然防腐剂和低挥发性有机化合物成分，进一步提升了材料的环保属性。

2. 技术创新与性能提升

随着纳米技术、生物技术和新型合成技术的发展，绿色防水材料在保持环保特性的同时，其防水性、耐久性和自愈合能力等性能也得到了显著提升。例如，纳米复合材料能够提供更好的防水性能并有更长的使用寿命；而具有自愈合功能的防水材料能够在出现微小裂纹时自动修复，降低维护成本和延长服务周期。

3. 系统化和集成解决方案

绿色防水材料正从单一产品向系统化解决方案发展，不仅提供防水功能，还能与建筑的热绝缘、绿色屋顶、太阳能发电等系统集成，形成综合性能更优的建筑外壳。这种集成化设计不仅提高了建筑的能效和舒适度，还有助于实现雨水收集和利用、提升建筑的生态效益。

4. 循环利用和生命周期考量

在绿色防水材料的发展中，循环利用和生命周期分析成为重要考量因素。通过设计易于回收和再利用的防水材料，减少建筑废弃物的产生，延长材料的使用寿命，最终实现建筑材料的闭环利用。生命周期评估也越来越多地被用于评估材料从生产到废弃全过程对环境的影响，以指导更环保的材料选择和使用。

随着技术的进步和市场的需求，未来的绿色防水材料将继续朝着更加环保、性能更优、应用更广泛的方向发展。智能化防水材料，如能够根据环境变化自动调节透气性或防水性能的材料，将为建筑提供更加智能和适应性的保护。同时，随着对建筑全生命周期对环境的影响的关注增加，绿色防水材料的生产和应用将更加注重资源效率和环境友好性，为实现绿色建筑和可持续发展目标贡献力量。

参考文献

［1］罗玉明，赵剑林，温宁．建材行业绿色发展模式与应用探索［M］.郑州：黄河水利出版社，2023.

［2］王学武，祝张法，刘苏忠，等．建材"浙江制造"标准编写基础知识与实务［M］.杭州：浙江工商大学出版社，2023.

［3］林文诗．绿色智慧建筑技术及应用［M］.北京：中国建筑工业出版社，2023.

［4］马清浩．新型建筑材料应用与制备［M］.北京：中国建材工业出版社，2023.

［5］李涛．新型建筑材料与建筑工程经济研究［M］.北京：中华工商联合出版社，2023.

［6］孙铁军，陈良辉．建筑材料及其性能检测研究［M］.北京：中国铁道出版社，2023.

［7］王宇鹏，李浩荣．建筑材料［M］.北京：清华大学出版社，2023.

［8］沈霁．建筑材料［M］.北京：应急管理出版社，2023.

［9］刘晓敏，岳文志，田海燕，等．建筑材料与检测［M］.2版．重庆：重庆大学出版社，2015.

［10］刘占省，王京京，陆泽荣．绿色建造技术概论［M］.北京：中国建筑工业出版社，2022.

［11］马步真．绿色农宅实践［M］.北京：清华大学出版社，2022.

［12］王长龙，王肇嘉，杨飞华．尾矿及钢渣制备新型绿色建筑材料［M］.北京：科学出版社，2022.

［13］吴玉杰，等．建筑领域低碳发展技术路线图［M］.北京：中国建筑工业出版社，2022.

［14］刘建华，郏晓，王崇光．建材工业新材料［M］.北京：中国建材工业出版社，2022.

［15］王颖，饶婕，任卫岗，等．建筑材料［M］.重庆：重庆大学出版社，2022.

［16］夏文杰，孙炜，余晖．建筑与装饰材料［M］.3版．北京：北京理工大学出版社，2021.

［17］刘来宝，张礼华，唐凯靖. 高碳铬铁冶金渣资源化综合利用技术［M］. 北京：中国建材工业出版社，2021.

［18］徐峰. 湖南省绿色建筑发展研究［M］. 北京：中国建筑工业出版社，2021.

［19］李志新. 盐石膏改性及其建材化利用［M］. 长春：吉林大学出版社，2021.

［20］韩长菊，杨晓杰，赵逸群，等. 生料制备与水泥制成［M］. 北京：中国建材工业出版社，2021.

［21］张兰芳，李京军，王萧萧. 建筑材料［M］. 北京：中国建材工业出版社，2021.

［22］李晓娟. 装配式建筑碳排放核算及节能减排策略［M］. 厦门：厦门大学出版社，2021.

［23］高育欣，杨文，王晓波，等. 建筑固废资源综合利用关键技术［M］. 北京：中国建材工业出版社，2021.

［24］张深根，郭斌，刘波. 铅锌冶炼渣处理与资源化技术［M］. 北京：冶金工业出版社，2021.

［25］吴蓁，徐小威，高珏. 建筑节能防水材料制备及检测实验教程［M］. 上海：同济大学出版社，2021.

［26］周仲景. 建筑材料［M］. 北京：科学出版社，2021.

［27］田卫明，韩子刚，樊红英. 建筑材料［M］. 北京：北京航空航天大学出版社，2021.

［28］王峡. 建筑装饰材料与构造［M］. 天津：天津科学技术出版社，2021.